LNG 接收站关键技术及案例分析

中石油大连液化天然气有限公司　编

石油工业出版社

内 容 提 要

本书详细介绍了 LNG 接收站投产及运行关键技术以及故障案例分析。主要关键技术包括 LNG 接收站投产前的管线冷试技术、投产过程中储罐冷却技术、LNG 卸船作业、BOG 回收处理、LNG 气化外输技术、海水供应、LNG 泄漏后应急处置等。案例分析包括对事件案例描述、原因分析和解决措施及建议。

本书可供 LNG 接收站生产管理、技术、操作人员使用，也可供 LNG 设计人员及石油院校相关专业师生参考。

图书在版编目（CIP）数据

LNG 接收站关键技术及案例分析 / 中石油大连液化天
然气有限公司编 . — 北京：石油工业出版社，2020.9
ISBN 978-7-5183-4252-5

Ⅰ . ①L… Ⅱ . ①中… Ⅲ . ①液化天然气-天然气输
送-案例 Ⅳ . ① TE83

中国版本图书馆 CIP 数据核字（2020）第 184385 号

出版发行：石油工业出版社
（北京安定门外安华里 2 区 1 号楼　100011）
网　　址：www. petropub. com
编辑部：（010）64523583　图书营销中心：（010）64523633
经　　销：全国新华书店
印　　刷：北京晨旭印刷厂

2020 年 9 月第 1 版　2020 年 9 月第 1 次印刷
787×1092 毫米　开本：1/16　印张：17. 25
字数：300 千字

定价：80. 00 元

《LNG 接收站关键技术及案例分析》
编 写 组

主　编：李　军

副主编：刘庆生　张宝来　宫　明　刘世福　胡文江

编　者：陈　帅　成永强　张治国　钱德禄　魏念鹰

　　　　陈　军　王显明　程云东　周　华　崔　均

　　　　高　健　姜　超　景佳琪　施宇航　徐振远

　　　　李　欣　何　宁　高崇梅　刘文博　俞沣秩

　　　　詹冬冬　崔　婧　佟奕凡　左晋祎　林　洋

　　　　谢　军　吴　凡　李东旭　李　强　张　震

　　　　杨杰夫　柳　超　曲培志　薛　龙　朱乾壮

　　　　章　妍　刘久刚　于海龙

序

随着我国经济发展水平不断提升，人们对天然气这种清洁能源的需求也在快速增长。LNG 接收站作为天然气海上进口和储气调峰的关键基础设施，在天然气保供方面发挥着越来越重要的作用。目前，我国在沿海地区已建成 22 座 LNG 接收站，接收能力达到 9035 万吨/年。十四五期间仍有大量的 LNG 接收站规划建设。这些基础设施的投用将对我国经济高质量发展起到重要的能源保障作用。

LNG 接收站安全可靠运行事关能源供应安全和民生保障，是接收站的第一要务。大连 LNG 接收站是国内最早建设投用的大型接收站之一，项目之始就以"创国际一流"为目标不懈努力。该项目荣获国家优质工程金奖，创新成果丰硕。投运十年来，不断消化吸收、总结提炼创新运用运行管理技术经验，始终保持着设备设施处于完好状态、运行稳定可靠的记录，为行业培养和输出了大量专业人才。

《LNG 接收站关键技术及案例分析》从实操者的角度，系统介绍了接收站运行管理的关键技术和故障处置经验，理论联系实际，对 LNG 接收站运行管理人员培训和技能提升有很好的指导借鉴作用。本书的出版对促进 LNG 接收站管控水平提升、保障安全可靠运行将起到积极地推动作用。

中国石油天然气销售分公司副总经理、安全总监

前　言

作为国家海上能源战略通道，LNG 接收站得到快速发展。中石油大连液化天然气有限公司高度重视 LNG 接收站建管研究和行业技术交流，先后组织编写出版了《大连 LNG 项目管理实践》和《LNG 接收站投产运行关键技术》等书籍，得到了业界的广泛欢迎。在大连 LNG 接收站投产运营 9 周年之际，我们总结提炼了投产以来潜心研究的工艺运行技术和生产管理经验，编写了《LNG 接收站关键技术及案例分析》，力求助力液化天然气产业链发展。

《LNG 接收站关键技术及案例分析》全书分为二部分：关键技术部分对 LNG 接收站试运投产阶段的管线冷试、储罐冷却，运营期间的接卸船、BOG 回收、气化外输、海水供应、泄漏应急处置等技术从理论和试验角度进行了系统论述；故障案例分析部分精选了投产以来 80 个典型问题处置案例，每个案例对工艺技术进行了详细分析，并提出了具体解决措施和改进建议。本书材料全部源于大连 LNG 接收站多年生产实践经验，便于行业企业借鉴以提升场站管理水平。

尽管我们力求做到数据真实可靠、准确无误，但是由于行业技术不断发展，难免有疏漏或不当之处，恳请多提宝贵意见。我们一定认真修订完善。

目　　录

第一部分　LNG 接收站关键技术

第二部分　LNG 接收站案例分析

第一部分　LNG 接收站关键技术

第一章　LNG 接收站概述

本章以大连 LNG 接收站为例进行介绍。大连 LNG 接收站项目由码头工程、接收站工程和系统配套工程三部分组成，主要包括卸船、储存、气化、蒸发气回收、外输、装车及相关配套设施等。建设规模 $600 \times 10^4 t/a$，设计供气能力 $84 \times 10^8 m^3/a$。

大连 LNG 接收站主要接收来自澳大利亚和卡塔尔等国家的 LNG 资源，主要为辽宁省内天然气用户供气。主干线与规划中的东北输气管网相连，形成多气源供气。

第一节　功能划分

大连 LNG 接收站按照功能划分为：码头及栈桥区、LNG 罐区、气化区、增压/冷凝区、海水取水/火炬放空区、公用工程区、厂前区、槽车装车区和计量输出区（图 1-1-1）。具体如下：

（1）码头及栈桥区位于接收站最南侧，包括双层工作平台、靠船墩、系缆墩等。

（2）LNG 罐区位于接收站南侧临海处，靠近栈桥及码头，设置了 3 座 $16 \times 10^4 m^3$ LNG 罐。

（3）气化区位于接收站中部，分为气化南区和气化北区。气化南区设置了开架式气化器（ORV）；气化北区设置了浸没燃烧式气化器（SCV）和燃料气加热器。

（4）增压/冷凝区位于接收站西侧，设置了高压输送泵、BOG 压缩机、再冷凝器。

（5）海水取水/火炬放空区位于接收站东侧，设置了海水取水口、成套海水过滤器、工艺海水泵、海水消防泵、次氯酸钠（NaClO）发生间和火炬等。

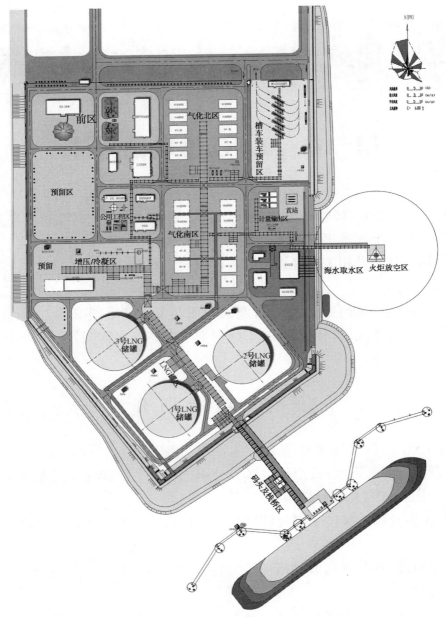

图 1-1-1　大连 LNG 接收站功能划分

（6）公用工程区位于气化区西侧，设置了空气压缩机、制氮间、仪表空气干燥器、废水处理设施、66kV 变电所、工艺变电所等主要公用工程设施。

（7）厂前区位于接收站西北部，靠近接收站入口处，包括了主控楼和维修车间及仓库。

（8）LNG 槽车装车区位于接收站东北角，设置了 LNG 槽车装卸车位 5 个，并预留 LNG 槽车装卸车位 5 个。

（9）计量输出区位于槽车装车区南侧，设置了输气干线计量站。

第二节 工艺介绍

大连 LNG 接收站的主要功能是接收、储存和气化 LNG，并通过天然气管道向用户供气。接收站的生产过程全部为物理过程，无化学反应及化学变化。接收站的生产方法为：低温接卸、低温储存、低温加压、加热气化、管道输送。图 1-1-2 所示为大连 LNG 接收站工艺流程。

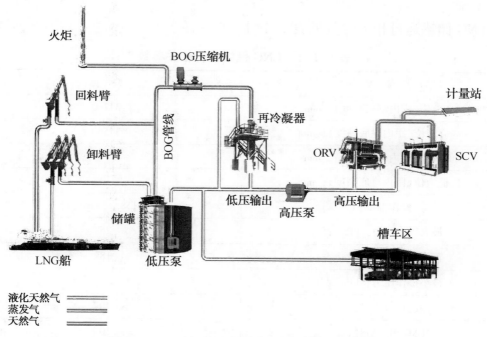

图 1-1-2 大连 LNG 接收站工艺流程示意图

一、卸船

卸船时，先连接卸料臂，然后进行氮气置换，LNG 通过船上的输送泵，经卸料臂及其支管汇集到总管，并通过总管输送到 LNG 储罐中；储罐中的蒸发气（BOG），经过蒸发气回流臂返回到 LNG 船舱，开启 BOG 压缩机，自动调节系统压力。当压力波动过大时，作为紧急处理，可以通过火炬大量泄放 BOG 进行调节。事故状态时，可以启用储罐的压力安全阀或真空安全阀。

BOG 压缩机再冷凝工艺必须是在具有外输的工作状态下工作。

卸船结束后，卸料臂需要氮气吹扫，然后收回卸料臂。此期间注意防止卸料臂上积冰脱落伤人。

二、储存

LNG储罐设有2根进料管，既可以从顶部进料，也可以通过罐内插入立式进料管实现底部进料。在进料管上设置切断阀，可在紧急情况时隔离LNG储罐与进料管线。LNG储罐设有连续的液位、温度和密度监测仪表，以防止罐内LNG发生分层和溢流。LNG储罐通过一根气相管线与蒸发气总管相连，用于输送储罐内产生的蒸发气和卸船期间置换的气体至BOG压缩机、LNG船舱及火炬系统。

LNG储罐运行相关参数见表1-1-1。

表1-1-1　LNG储罐运行相关参数

参　　数	数　　据
高液位(距内罐底高度)，mm	34260
高高液位(距内罐底高度)，mm	34560
低液位(距内罐底高度)，mm	2800
低低液位(距内罐底高度)，mm	2300
操作温度，℃	−158.7/−161.9
最大操作压力，kPa(表)	25
正常操作压力，kPa(表)	18
最小操作压力，kPa(表)	6.9
进料口直径，in	40
LNG出口直径，in	10

三、气化

接收站设有两种气化器，即开架式气化器和浸没燃烧式气化器。一般启用开架式气化器，当冬季海水温度低于5℃时，启用浸没燃烧式气化器。

1. 开架式气化器(ORV)

ORV使用海水作为气化LNG的热媒。海水在气化器中作为加热介质，从气化器上部进入，流经传热管的外表面，LNG流经传热管的内部，从而被加热和气化。ORV通过海水管线上的流量调节阀来控制海水流量，来满足LNG气化热负荷要求。

2. 浸没燃烧式气化器(SCV)

SCV 以天然气为燃料，利用燃料气在气化器的燃烧室内燃烧，燃烧气通过喷嘴进入水中，将水加热，LNG 通过浸没在水中的盘管，由热水加热而气化。

四、LNG 装车

在槽车灌装 LNG 前，先要预冷装车臂和气相返回臂。在槽车装车过程中，从槽车中置换出来的蒸发气通过管线返回 BOG 总管。在装车操作时，LNG 装车流量通过控制阀来控制。

LNG 装车相关参数见表 1-1-2。

表 1-1-2　LNG 装车相关参数

参　数	数　据
装车形式	侧装
装卸能力，m³/h	80
操作压力，MPa(表)	0.03/0.6
操作温度，℃	-130/-160

五、BOG 处理

蒸发气通过 BOG 压缩机压缩到一定的压力与 LNG 低压输送泵送出的过冷 LNG 在再冷凝器中混合并冷凝。如果蒸发气流量高于压缩机或再冷凝器的处理能力，储罐和蒸发气总管的压力将升高，当压力超过压力控制阀的设定值时，过量的蒸发气将排至火炬进行燃烧。

第三节　主要设施设备

一、码头及相关设施

1. LNG 码头

LNG 码头为开敞式码头，设 1 个 LNG 卸船泊位，可以停靠 $8 \times 10^4 \sim 26.7 \times 10^4 m^3$ 的 LNG 船，采用蝶型布置，码头轴线 53°~233°，泊位长度为 446m。码头由双层工作平台、靠船墩和系缆墩组成，设置系缆墩 6 个、靠船墩 4 个。码头平台、靠船墩和系缆墩基础均为(椭)圆沉箱重力墩。

码头前沿水深17m，船舶回旋水域水深约24m。

2. 栈桥

栈桥连接码头与陆域，宽16m、长150m。栈桥采用(椭)圆沉箱重力墩基础，上部为钢筋混凝土箱形梁结构。栈桥上布置一条管廊带和一条行车道，管廊带净宽9m，车道净宽6m，码头控制室设在引桥桥墩上，控制室平面尺寸为14.4m×12.4m。

3. 船舶靠泊辅助系统

船舶靠泊辅助系统包括激光传感器系统、大型显示屏系统、腕式显示器和监控系统等。对船舶在停泊时的漂移动态进行实时监测，以确保船舶靠泊安全。

4. 环境监测系统

环境监测系统主要对LNG码头前沿的风、浪、流、潮位等状况进行监测，指导船舶安全靠泊和安全作业。

5. 快速脱缆钩监控系统

快速脱缆钩监控系统分为缆绳张力监测系统及快速脱缆钩控制系统两个部分，设置3×1500kN快速脱缆钩4组，设置4×1500kN快速脱缆钩6组。

（1）缆绳张力监测系统。

对所有缆绳的受力状况进行实时监测，并具有缆绳张力超限报警的功能。

（2）快速脱缆钩控制系统。

快速脱缆钩可现场手动操作，也可在码头控制室远程操作，且以现场操作优先。在码头控制室设置一个快速脱缆钩控制盘。

6. 船岸连接系统

船岸连接系统主要包括光缆、电缆和气缆。液化天然气船舶系泊时通过光缆、电缆或气缆进行船岸通信，并具有船岸、岸船紧急关断功能。

船泊停靠在码头岸边后，利用船岸光缆、电缆和气缆连接系统可将码头控制室监控信息(如作业环境监测、缆绳张力监测系统、船泊漂移等信息)提供给船舶，用于指导船舶安全作业(气缆只能有紧急关断功能)，并能在预置限值内实时报警。打印机将随时打印出所需要的信息资料。当环境因素超过允许作业条件时，立即发出警报，让液化天然气船舶紧急离泊。

7. 登船梯

码头平台设塔架式登船梯一台，包括塔架和悬梯。

登船梯相关参数见表1-1-3。

表1-1-3　登船梯相关参数

参　　数	数　　据
悬梯尺寸，mm×mm	8375×800
悬梯工作仰俯角度，(°)	−45～+45
悬梯非工作仰俯角度，(°)	−50～+70
回转平台回转角度，(°)	±90
升降速度，m/min	<4
塔架高度，mm	18500
工作高度，mm	1200～12000

8. LNG卸料臂

20in的LNG卸料臂3台和20in的蒸发气返回臂1台，目前是世界上所有LNG接收站所用卸料臂中直径最大的，安装在卸料平台上，用于接卸LNG。

LNG卸料臂相关参数见表1-1-4。

表1-1-4　LNG卸料臂相关参数

参　　数	数　　据
型式	立式
材料	304L不锈钢

LNG蒸发气返回臂相关参数见表1-1-5。

表1-1-5　LNG蒸发气返回臂相关参数

参　　数	数　　据
型式	立式
材料	304L不锈钢

二、接收站

1. LNG储罐

LNG储罐为全包容式混凝土顶储罐(简称FCCR)，内罐采用9%镍钢，外罐是预应力混凝土材料建成(图1-1-3)。其环隙空间、吊顶板以及罐底都设有保冷层，保证储罐的日最大蒸发量不超过储罐容量的0.05%。储罐的内、外罐各自有独立承受储存介质的能力，不需设防火围堤。

LNG储罐相关参数见表1-1-6。

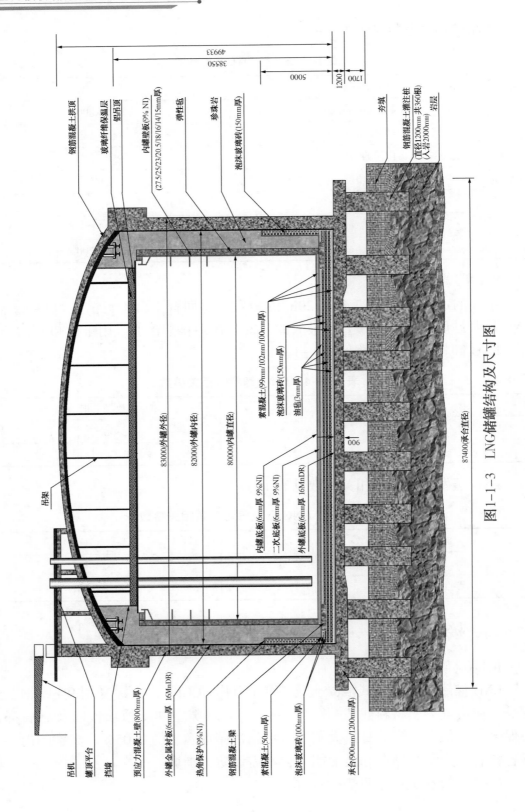

图1-1-3　LNG储罐结构及尺寸图

表 1-1-6　LNG 储罐相关参数

参　　数	数　　据
设备数量，座	3
内罐净工作容积，m³	160000
内罐直径，m	80
内罐高度，m	38.5
外罐内径，m	82
外罐外径，m	83.6
外罐总高度，m	49.9
罐体总高度，m	52.8
桩基数，根	360

2. BOG 压缩机

BOG 压缩机为往复式迷宫压缩机。主要作用是用于回收产生的 BOG。其负荷能力可实现 0，25%，50%，75%，100%5 级调节。

BOG 压缩机相关参数见表 1-1-7。

表 1-1-7　BOG 压缩机相关参数

参　　数	数　　据
设备数，台	3
单台能力，t/h	6.7
轴功率，kW/台	431

3. LNG 低压输送泵

LNG 低压输送泵为立式离心潜液泵，安装于储罐的专用泵井内，将 LNG 输送到再冷凝器、高压泵和槽车。

低压输送泵相关参数见表 1-1-8。

表 1-1-8　低压输送泵相关参数

参　　数	数　　据
设备数，台	12（每个罐 4 台）
单台能力，m³/h	460
扬程，m	280（LNG）
有效气蚀余量，m	1.9
轴功率，kW	233

4. LNG 高压输出泵

高压输出泵采用立式浸没式离心泵，安装在单独的罐槽中，用于提高输送压力。高压输出泵相关参数见表1-1-9。

表1-1-9　高压输出泵相关参数

参　　数	数　据
设备数, 台	7
泵级数, 级	15
单台能力, m^3/h	435
扬程, m	2342(LNG)
有效气蚀余量, m	3.8
轴功率, kW	1970

5. 气化器

气化器主要是用于将 LNG 气化成 NG。接收站设有两种气化器，即开架式气化器(ORV)和浸没燃烧式气化器(SCV)。

(1) 开架式气化器(ORV)。

ORV 使用海水作为气化 LNG 的热媒，其基本单元是传热管，由若干传热管组成板状排列，两端与集气管或集液管焊接形成一个管束，再由若干个管束组成气化器。

ORV 相关参数见表1-1-10。

表1-1-10　ORV 相关参数

参　　数	数　据
设备数, 台	5
单台能力, t/h	200

(2) 浸没燃烧式气化器(SCV)。

SCV 以天然气为燃料，采用燃烧加热的气化方式气化 LNG，浸没燃烧式气化器包括换热管、水浴、浸没式燃烧器、燃烧室、鼓风机、所有必需的仪表控制系统及内连管道等。

SCV 相关参数见表1-1-11。

表1-1-11　SCV 相关参数

参　　数	数　据
设备数, 台	6
单台能力, t/h	200

6. 再冷凝器

再冷凝器主要有两个功能，一是冷凝 LNG 蒸发气，二是作为 LNG 高压输送泵的入口缓冲容器。

再冷凝器相关参数见表 1-1-12。

表 1-1-12　再冷凝器相关参数

参　　数	数　　据
设备数，台	1
单台能力，t/h	20（气体）；158（液体）
外形尺寸（外径×高度），m×m	2.8×8

7. 海水泵

海水泵为立式离心泵，为液下泵。海水泵主要向 ORV 输送海水。

海水泵的相关参数见表 1-1-13。

表 1-1-13　海水泵的相关参数

参　　数	数　　据
设备数，台	6
单台能力，t/h	9500
扬程，m	43（海水）
电动机额定功率，kW	1400

8. 火炬

火炬主要用于收集从 BOG 总管的超压放空、再冷凝器和 BOG 压缩机安全阀排放及放空、再冷凝器的压力控制阀排放的过量蒸发气。

火炬相关参数见表 1-1-14。

表 1-1-14　火炬相关参数

参　　数	数　　据
能力，t/h	70
高度，m	50
直径，m	0.7

9. 槽车站

槽车站共设 14 个装车位，每个装车位设有一台液体装车臂和一台气相返回臂及其配套的就地控制系统，一期安装 5 套相关配套装置。槽车站主要用于 LNG 的装载外运。

槽车装车臂相关参数见表 1-1-15。

表 1-1-15 槽车装车臂相关参数

参 数	数 据
单台能力，m³/h	80
规格，in	3

10. 管线

LNG 接收站管线见表 1-1-16。

表 1-1-16 LNG 接收站管线

管 线 名 称	管径，in
卸船总管	40
低压输送总管	20
高压输送总管	24
天然气输送总管	28

11. 海水取排水系统

海水取水口采用岸壁取水方式，水泵直接从取水口的潜孔内吸水。在取水口的通道上设置格栅清污机和旋转滤网两道过滤器，去除海水中的大颗粒的泥沙及其他悬浮和漂流物，并在渠道的前后端设闸板阀。

海水系统配备有电解质次氯酸钠设备一套，采用电解海水的方式来产生次氯酸钠，用于海水加氯，以防海生物滋生，影响海水系统的正常运行。

与 ORV 热交换后的冷海水，经海水排放沟排放。

LNG 工艺海水用水量见表 1-1-17。

表 1-1-17 LNG 工艺海水用水量表

水量，m³/h	水温，℃	工作压力，MPa
22500	5~22.2	0.3

12. 保冷及保温

保冷及保温材料表见表 1-1-18。

表 1-1-18　保冷及保温材料表

保　冷		保　温	
保冷部位	保冷材料	保温部位	保温材料
储罐罐底	泡沫玻璃	地上管道	岩棉
储罐罐壁	珍珠岩		
储罐吊顶	玻璃纤维毯		
地上管道	聚异氰脲酸酯（PIR）+泡沫玻璃		

第四节　配套设施系统

一、自动控制系统

自动控制系统由分散控制系统（DCS）、紧急停车系统（ESD）、火灾自动报警系统和可燃气体检测系统（FGS）三个系统所组成。该控制系统具备以下基本功能：（1）生产工艺实行实时控制；（2）动态显示生产流程、主要工艺参数及设备运行状态；（3）在线设定、修改控制参数；（4）显示可燃气体及火焰探测状态，以声光形式对探测到的异常状态报警；（5）执行紧急切断逻辑，显示紧急切断报警信号。

二、消防系统

大连 LNG 接收站项目消防系统包括消防水系统、高倍数泡沫灭火系统、固定式干粉灭火系统、气体灭火系统、水喷雾系统、水幕系统消防水炮和灭火器等消防设施，并在站外设有特勤消防站。

（1）消防水系统。

消防水系统用于向站内汽化区、罐区、公用工程区及码头提供消防水。消防水系统采用海水消防、淡水保压的运行方式。平时由稳压泵用淡水稳压，火灾时根据用水量靠压力依次自动启动淡水试验泵、海水消防泵。设计的最大消防用水量为 1950m³/h，系统工作压力 1.2MPa。淡水水罐有效容积为 600m³，可以满足 1h 淡水消防用水量 450m³ 的需求。

（2）高倍数泡沫灭火系统。

高倍数泡沫灭火系统用于控制泄漏到 LNG 收集池内的液化天然气的燃烧。系统由泡沫储罐和发生器等组成，控制方式为自动控制。

（3）固定式干粉灭火系统。

固定式干粉灭火系统用于扑灭 LNG 罐罐顶压力安全阀释放天然气和码头上管道、阀门、法兰等泄漏时导致的火灾。每套干粉灭火系统由一个干粉罐、氮气钢瓶组、一个干粉炮、两个干粉软管卷盘、喷头、管网及相应的控制阀门和仪表组成。控制方式为自动控制、远程手动控制和就地控制。

（4）气体灭火系统。

气体灭火系统用于扑灭控制室的机柜间和码头控制室的火灾。控制室机柜间设置全淹没式管网系统。控制方式为手动控制。

（5）水喷雾系统。

水喷雾系统设置在 LNG 罐顶泵平台的钢结构、管道、仪表阀门、安全阀或其他阀门上，用于扑灭发生的火灾。由雨淋阀和过滤器等组成。所有水喷雾系统均为自动控制，同时具有远程手动和应急操作的功能。

（6）水幕系统。

水幕系统用于码头着火时，将着火位置与卸料臂进行隔离。由水源、供水设备、管道、雨淋阀组、过滤器和水幕喷头等组成。控制方式为自动，同时具有远程手动和应急操作的功能。

（7）消防水炮。

该项目设置三种消防水炮，包括固定式消防水炮、远控消防水炮、移动式消防水炮。

固定式消防水炮主要设置在工艺区内，目的是为了扑灭工艺区内的火灾。控制方式为手动控制、远控和无线遥控。

远程消防水炮主要设置在码头平台及两侧系船墩上。主要用于冷却停靠码头的 LNG 船舶。控制方式为手动控制。

移动式消防水炮设置在接收站内某一固定位置，主要用于离水源较远、无固定式消防水炮且消防车不能进入的空间。控制方式为手动控制。

（8）灭火器。

在码头、LNG 罐区、工艺装置区和各建筑物内配置手提式及推车式干粉灭火器、二氧化碳灭火器，用于扑灭初起火灾。

三、供配电系统

1. 电源情况

供电线路由 220kV 北石洞变电所接出 1 号和 2 号两回线路供电，满足接收站双电源、双回路的要求。1 号线路全长约 8.8km，其中埋地电缆长度为

6.8km，架空线路长度为2km；2号线路全长约7.8km，采用电缆方式供电。

厂区内配备应急柴油发电机组，在1号和2号线路均失电的情况下启动发电机组，为特别重要的一级负荷（如低压输送泵、BOG压缩机、消防保压泵、海水加氯装置稀释风机、火炬点火系统、码头变电所应急负荷、主控楼变电所应急负荷等）提供应急电源。

2. 变电所

大连LNG接收站工程共有5个变配电所和1个应急柴油发电机房。分别为：

（1）66kV总变电所，位于工艺变电所西侧。用于66kV进线电源的接收、分配和计量。主要包括66kV开关柜和2台66kV/6kV 20MV·A主变压器及其二次监控设备。

（2）工艺变电所，位于维修车间仓库的南侧。供电给全厂所有的6kV负荷以及陆上装置区的主要低压负荷。主要包括6kV开关柜、6kV电容补偿、2台6kV/0.4kV 2000kV·A配电变压器、1台6kV/0.4kV 800kV·A应急变压器、380V开关柜。

（3）海水泵房变电所，位于海水泵房附近，供电给海水泵房以及附近的低压负荷。主要包括2台6kV/0.4kV 315kV·A配电变压器、380V开关柜。

（4）码头变电所，位于码头控制室内，供电给码头低压负荷。主要包括2台6kV/0.4kV 315kV·A配电变压器、380V开关柜、码头UPS。

（5）主控楼变电所，位于主控楼内，供电给主控楼以及附近的低压负荷。主要包括2台6kV/0.4kV 630kV·A配电变压器、380V开关柜、主控楼UPS。

（6）应急柴油发电机房，位于工艺变电所附近，在正常电源无法供电时，为全厂特别重要的一级负荷提供电源。主要包括应急柴油发电机组及其二次监控设备等。应急柴油发电机组电压等级为6.3kV，备用容量为2500kV·A。

四、给排水系统

1. 给水系统

LNG接收站的用水从市政管网主管（DN250mm）接一根DN150mm引入管。给水系统主要由生产给水、生活给水和消防给水组成。

2. 排水系统

该项目根据清污分流的原则，清净雨水由排水系统排除，生活污水和生产污水经处理后再利用，实现零排放。

五、供暖系统

中控室及机柜间采用恒温恒湿空调系统采暖，其余建筑物房间均采用热水采暖。热水采暖管线是由大连港供热站引出一根 $DN200$mm 的管线。

六、电信系统

电信系统主要包括电话系统、调度电话系统、UHF 无线对讲系统、广播报警系统、局域网系统和门禁/周界系统等。其中电话系统和数据传输系统统一接入当地通信系统。

第五节　LNG 小常识

一、LNG 简介

LNG 是液化天然气（Liquefied Natural Gas）的简称。它是将气田生产的天然气净化处理，在-162℃下液化形成液化天然气。LNG 无色，无味，无毒且无腐蚀性，低温，气液膨胀比大，能效高，易于运输和储存。由于 LNG 气化后密度很低，只有空气的一半左右，稍有泄漏会立即扩散，降低了引起爆炸的可能性，安全性能大大提高。由于 LNG 成分较纯，燃烧完全，燃烧后生成二氧化碳和水，而且经过深冷过程，天然气中硫成分以固体形式析出、分离，比其他燃料更清洁，燃烧时温室气体排放量更低。所以，LNG 被认为是地球上最干净的化石能源。

二、LNG 一般特性

（1）LNG 的温度极低。其沸点在大气压力下约为-160℃。沸腾温度随蒸气压力的变化梯度约为 $1.25×10^{-4}$℃/Pa。在这一温度条件下，其蒸发气密度高于周围空气密度。

（2）极少量的 LNG 液体可以转变为很大体积气体。1 个体积的 LNG 可以转变为约 600 个体积的气体。LNG 的密度取决于其组分，通常为 $430\sim470$kg/m^3，但是在某些情况下可高达 520kg/m^3。密度还是液体温度的函数，其变化梯度约为 1.35kg/（m^3·℃）。

（3）类似于其他气态烃类化合物，天然气是易燃的。在大气环境下，与空气混合时，其体积占 5%~15%的情况下就是可燃的。

三、储运相关的特性

蒸气云：当LNG离开受温控的容器时，它将开始变暖，从液态转化成气态。最初，LNG蒸气比周围的空气冷且重。它就会在释放的液体上面形成雾——蒸气云。当气体继续变暖，它开始与周围的空气混合并开始消散。如果它在燃烧浓度范围内遇着着火源就会发生燃烧。

冷冻液体(Freezing Liquid)：当LNG泄漏时，若人员直接接触到该液体，接触部位将会被冻伤。所有的设备操作人员，当进入存在潜在危险的区域时，必须戴手套、面具和其他保护性的衣服。

分层：由于来自不同气田的天然气在组分上存在一定的差异，所以LNG的密度也会有所不同。如果不同密度的LNG储存在同一储罐内，密度较大的LNG积聚在储罐底部，而密度小的则处于顶部，于是就形成了分层。

翻滚：LNG自动分层后，上下层不同密度的LNG会形成独立的对流运动。当有热量传入储罐时，两个液层之间自发地进行传质和传热，最终完成混合，同时在液层表面进行蒸发。此蒸发过程吸收了上层液体的热量而使下层液体处于"过热"状态。当两层液时的密度接近相等时就会突然迅速混合而在短时间内产生大量气体，并使储罐内压力急骤上升，甚至顶开安全阀，这就是所谓翻滚现象。

第二章 投产前的管线冷试

根据目前掌握的信息，国外的 LNG 接收站没有在进料前进行低温氮气冷试的经验或要求。国内已投产运行的 LNG 接收站中，部分 LNG 接收站在开车前使用低温氮气对工艺管道进行了冷试。

一般考虑到 LNG 接收站的具体情况，如采用国产管件，低温下性能究竟如何；进行水压试验是否会有水汽残留在阀腔中等原因，认为使用低温氮气进行管道冷试还是非常有意义的。

大连 LNG 接收站氮气冷试收到良好效果，为 LNG 装置试车增添了新的经验：

（1）首次在已建成的 LNG 接收站对国产管件进行低温性能测试，测试出了管线在冷试过程中的变形量，最大位移 185mm，分析了管线的应力分布。最大位移发生在距离临时气化器最近的低压输出总管末端。

（2）首次在进行完水压试验的 LNG 工艺管线上进行低温冷试，通过总结冷试中阀门的冻堵情况分析出了容易积水的阀门类型和阀门位置。阀门类型主要是球阀，位置在球阀最低点及密封圈处。

（3）预冷方案要详细，冷试人员要有一定的经验，实行统一指挥，尽量在靠近投产开车进行，以便有效利用冷量。

第一节 管线冷试的背景

国内 LNG 接收站在管线试压时根据高压和低压等级不同，分别采取不同介质进行试压：低压系统（指高压泵之前的管线）实行气压试验；高压系统（指高压泵之后的管线）实行水压试验。国外 LNG 接收站的工艺管线全部进行气压试验；至目前为止，国内外 LNG 接收站只有上海 LNG 接收站在开车前使用低温氮气对工艺管道进行了冷试。其他接收站均未进行，都是工艺管线、LNG 储罐氮气干燥置换合格后，直接进行首船接卸。结果很多接收站在试运投产时均出现一些大小问题，比如阀门卸船预冷过程中发生冻堵、管线末端积水冻凝、调节阀开关不灵活、管线位移超标甚至管托脱落"掉托"等。国内已经投产运行的其他几个 LNG 接收站均不同程度地出现了问题。大连 LNG 接收站项目是中国石油第一个开工建设的 LNG 接收站项目，也是我国第一个完全由国内自主设计、自主采办、自主施工和自主管理的大型 LNG 接收站项目。考虑到所有管线及大部分设施是国内生产，而且试压时高压部分采用水压试验，可能造成水分在阀门中残留（若水分残留，阀门会出现冻住的现象），因此使用低温氮气进行管道冷试意义重大。大连 LNG 接收站于 2011 年 8 月 25 日至 9 月 9 日分别对卸船总管、BOG 管线及压缩机、低压输出总管、高压输出管线及气化器进行了低温氮气冷试，收到了良好的效果。

第二节　管线冷试的目的

为了在 LNG 接收站试运投产前最大程度地发现问题并及时解决，对员工进行实战演练，在投产前进行一次液氮冷却性试验是非常必要的。一般管线冷试的目的有以下几点：

（1）检测低温管线因热胀冷缩导致的位移量是否在设计范围内。

开车时，低温管线将首次由常温降为−160℃，有管线位移过大的可能。管线的热胀冷缩跟管道材料及温差相关，但若管托设置不合理，管线位移可能超出设计范围。若事先用低温氮气对管线进行冷试，发现超出设计范围的问题可及早得到处理，减小第一船港口滞留的可能。

冷试工艺要求：

① 被测试管线已机械竣工，保冷、气密、吹扫完成。

② 被测试管线及相连系统干燥已达标。

③ 低温氮气供给系统包括液氮储罐、运输槽车、气化器、混合器等已到位，临时管线连接及测试已完成，液氮来源已落实。

④ 低温氮气入口温度不宜低于−160℃。

⑤ 冷试压力不高于系统设计压力。

⑥ 现场操作人员及中控室操作人员对冷试流程中需开关的阀门进行检查，确认所有阀门开关正常。

⑦ 确认现场及 DCS 压力仪表和温度仪表工作正常。

⑧ 冷试过程中的管线上下表面最大温差不宜超过 20℃；管线同一点温降速率一般控制在 30℃/h，不应超过 50℃/h。

⑨ 在冷试过程中应定时进行温度和压力检查和监控，防止管线降温过快，做好监控记录。

⑩ 冷试过程中认真检查和记录管线位移情况，当发现管线位移过大时，应立即停止降温操作，查找原因，必要时中断冷试，待问题处理完毕后再重新开始冷试。

⑪ 遇到影响管线正常位移的障碍时，要暂时停止冷却，待障碍解除后再继续冷却。

⑫ 在冷试过程中应定时检查冷试流程中的每个阀门开关情况，如发生冻堵，需做好记录，重新进行干燥。

⑬ 在冷试结束后的温度恢复过程中，应及时泄压。

⑭ 直径小于 DN200mm 的管道可不预冷，但是进料过程要缓慢，防止管道变形过快。

⑮ 相邻两固定管托之间的管道最大位移应满足每米不大于 3mm。

⑯ 冷试过程中出现阀门冻堵的应及时处理。

冷试区域划分：

① 按照工艺流程顺序将液化天然气管线冷试流程划分为若干冷试区，具体划分情况根据现场实际流程确定，原则是压力等级相同、连通、靠近，不易流程过长。平行布置的管线宜同步进行冷试。

② 按照划分好的冷试区域，在 PID 流程图中将各区域需冷试管线用不同颜色进行标识，并注明氮气注入点、排放点、检查点及压力监测点。

③ 按照划分好的冷试区域，在 PID 流程图中标明阀门开关状态。

（2）检测所有阀门是否有冻堵。

因高压系统采用水压试验及阀门结构的原因，阀门干燥不彻底的可能性较大，阀门腔体及密封件内仍有水分残留的可能，当遇到 LNG 时，水会迅速结冰并将阀门冻住而不能开关。国内某 LNG 接收站曾出现类似的阀门冻住的情况，后在天然气的环境氛围内对阀门进行了切割，非常危险，且比较麻烦，严重影响卸船时间，造成船舶滞留时间长。如果在 LNG 进入系统前，先用低温氮气进行冷试一次，若出现阀门冻住的现象，可在恢复常温后，继续针对该阀门进行干燥，合格后再投用。这不但可以减少危险性，同时也节约了天然气。

（3）可验证国产管件在低温环境的可靠性。

因很多管件为国产，虽经检验合格，但在 LNG 接收站工程实践中属于首次使用，用低温氮气冷试后可验证用在该项目上的管件在低温环境下的可靠性，避免引入 LNG 后出现因管件损坏而导致的事故。

（4）保冷材料保冷效果的验证。

用低温氮气冷试可提前验证保冷材料的保冷效果，若存在缺陷可提前发现并进行修补，避免LNG进入系统后再进行类似施工。

（5）卸船管线预冷的意义。

如果卸船管线的冷试与接船工作衔接恰当的话，可以节省LNG和卸船管线用低温BOG冷却的时间。若冷试冷却良好，当船抵达码头一切就绪后可直接进行LNG储罐的预冷，这样可使船在码头少停留1天，减少停泊费用。

第三节　管线冷试试验

一、冷试流程

冷试过程可使用液氮槽车直接供给液氮，在出口阀门后分为两路：一路去空气气化器进行气化；另一路输送介质仍为液氮，在气化器后用混合器与氮气进行混合，从而可以自如控制所需要的温度。冷却速度是根据所冷却管线的温降来决定的，最大温降为20℃/h，管线上下表面温度差最大不超过50℃。混合后的氮气温度最低控制在-165℃。氮气冷试流程如图1-2-1所示。

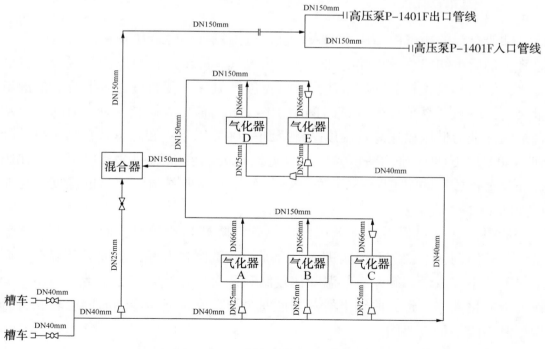

图1-2-1　氮气冷试流程示意图

低温氮气供给能力应尽量大，才能使低温管线降至足够低的温度，综合考虑低温氮气制取成本和所需冷试管道的体积，选取低温氮气规模为$5000m^3/h$。

经计算和实际验证，40in的卸船管线经$5000m^3/h$的$-165℃$的低温氮气冷却，在卸船臂与船上连接的法兰口释放氮气，可使卸船管线降温至$-100℃$。时间约1天。

低温氮气（约$-165℃$）与被冷却的工艺管线之间的距离应尽可能短，避免低温氮气的冷量浪费在非冷却目的管线上，但又需综合考虑临时气化装置布置要求，避免反复挪动气化装置。以卸船管线的预冷为例，在低压输送总管上接入低温氮气接口，低温氮气经过低压输送管线、装船管线，再进入卸船总管，在卸船臂末端法兰释放，持续供给氮气约1天，可达到预冷目标。

二、冷试工艺

根据PID图把工艺管线分成若干个冷试包，原则是压力等级相同、相邻管线、长度适宜（最好不超过500m）。把工艺管线分为以下几个工艺包：卸船总管、BOG管线及压缩机、低压输出系统、高压输出及气化器系统等（参见图1-1-2）。

三、温度测试

卸船总管的冷试由高压泵的入口进入低温氮气，经低压输送总管进入卸船总管，最后由卸船总管末端的卸料臂排出氮气。冷试过程要监测管线表面温度变化，根据其变化趋势图调节注入氮气温度，氮气温度通过进入混合器的液氮量决定。一般此系统有效冷试时间为$10\sim13h$，需要消耗氮气$90\sim100t$。冷却合格的标准为低压输送总管温度全部降到$-100℃$以下；卸船总管在高压泵处降到$-160℃$以下（但不低于$-170℃$），靠近储罐处温度降到$-100℃$以下，而在码头卸船臂排放点的温度为$-35℃$左右。大连LNG接收站氮气冷试的温度变化曲线如图1-2-2所示。

从图1-2-2可以看出，低压输出总管温降开始比较快，而后回调，之后又快，又回调，不稳定，说明进入混合器的液氮控制不好，造成局部温降快而不得不关小液氮量，卸船总管温降比较温和，只是开始时有点平滑，是由于操作人员谨慎操作所致，曲线平滑对保证安全很重要，但是冷却时间会较长，合理控制温降是最重要的。

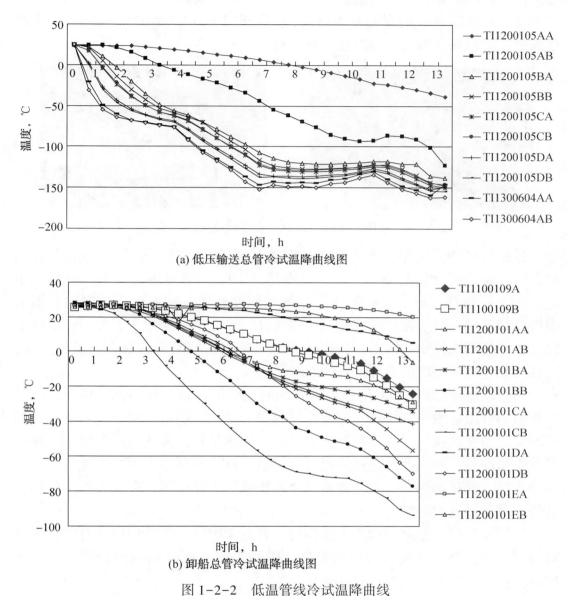

(a) 低压输送总管冷试温降曲线图

(b) 卸船总管冷试温降曲线图

图 1-2-2　低温管线冷试温降曲线

第四节　管线冷试问题及解决方法

通过对大连 LNG 接收站进行低温氮气冷却试验，共检查出大小问题 98 项，主要是管线发生位移产生阻碍移动的障碍、阀门动作不灵活、信号线接反、现场与 DCS 信号不符等(图 1-2-3)。以下是其中三个具有代表性的问题：(1)由于管线发生位移与钢结构发生碰撞；(2)伴随着低压总管的移动，此管线末端去往排液管线的支管发生弯曲；（3）阀门 FCV1200103 不能打开，怀疑是冻住了。这些问题在预冷时要非常注意。

图 1-2-3　冷试过程管线变形

低温氮气冷试过程中管线冷却速度的控制非常重要，也是最不容易控制的。因为温降有严格的要求，每小时不超过 20℃，管道表面上下温差最大不超过 50℃。温降就取决于进入管线的氮气速度和氮气的温度。控制混合器的温度就是关键，要求混合器安装一个温度计，指定一个操作人员专门记录这个温度，保持和主控室的联系，根据主控人员的报告调节进入混合器液氮的量，这样就能达到所要求的温降。

当管线温度达到 -30℃ 后就可以开始测试管道位移和阀门开关情况，位移过快时不管温降大小都应该立即减小氮气进入量，特别是要减小进入混合器的液氮量。当测试阀门时，发现开关不灵活，特别是开不开或关不上时，应怀疑其发生了冻凝，解决办法是把此段氮气放空，自然回复常温后，把此阀门用电热带缠好，通过加热的方式反复对这个系统进行干燥处理，直到再次测量露点合格。重新做氮气冷试。

管线发生位移与钢结构发生碰撞时，首先考虑管线保冷层更换特殊材料的薄壁保冷层，第二选择是改造钢结构，但是不能对此处钢结构造成大的支撑影响。

伴随着管线的移动，支管发生弯曲时，应立即停止预冷，解开支线固定点释放应力，等预冷结束后重新固定。

查出更多的是现场仪表和控制室反馈信号不对应等问题，这些应该由 DCS 工程师及施工队伍及时解决。

第三章　投产过程中 LNG 储罐冷却

大型常压 LNG 储罐是 LNG 接收站中非常重要的单元设备，不仅占有较高的投资比例，而且调试过程中一旦损坏，整个 LNG 接收站将无法运转。LNG储罐冷却是其调试过程中风险最大、最难控制的一个环节。本章从储罐冷却方案、动态模拟、试验三个方案介绍了 LNG 储罐冷却相关问题，提出了冷却前条件及注意事项，并讨论了 LNG 储罐冷却过程中的储罐温度变化趋势、冷却喷淋流量、冷却速率及温度监测点最大温差等技术参数相互联系；指出了冷却过程容易出现管线变形受阻、管线法兰连接处泄漏、冷却流量控制不均造成储罐温降不均以及火炬系统易产生积液等问题，并给出了相应解决方法。

第一节　LNG 储罐概述

大型常压 LNG 储罐是接收站的重要设备单元，其功能是储存液化天然气。一般大型常压 LNG 储罐结构型式有单包容罐、双包容罐、全包容罐及膜式罐等。按储罐的设置方式可分为地上储罐与地下储罐两种，其中，单包容罐、双包容罐及全包容罐均为双层，由内罐和外罐组成，在内外罐间充填有保冷材料，罐内绝热材料主要为膨胀珍珠岩、弹性玻璃纤维毡及泡沫玻璃砖等。

目前国内已建成投产的 LNG 接收站用 LNG 储罐全部为地上全包容式混凝土顶储罐(简称 FCCR)，有效工作容积一般为 160000m^3，内罐采用 9% 镍钢，外罐是预应力混凝土材料建成，内罐和外罐均具有独立储存 LNG 的功能。储罐的设计压力一般为 -0.5~29kPa(表)，其环隙空间以及吊顶板都设有保冷层，以确保在设计环境下储罐的日最大蒸发量不超过储罐容量的 0.05%。此类 LNG储罐的建设周期一般在 3 年左右(包含设计阶段)，在装置机械安装完工、电气和仪表系统调试完成后，进行 LNG 储罐的水压试验、除明水、气密试验、储罐干燥和氮气置换等预调试工作，之后进行 LNG 储罐调试工作。调试工作主要包括储罐冷却、5m 液位建立及静置、低压泵性能测试、液位仪表调试、控制系统测试和储罐蒸发率测试等工作，当所有调试工作完成后标志着 LNG 储罐真正意义上投入运行。LNG 储罐的冷却是整个投用调试过程中风险最大，最难控制的一个环节，因为新罐冷却期间可能会有天然气或 LNG 泄漏，处理不当就会发生安全事故。另外，储罐冷却过程中内罐罐体要收缩，如果冷却过程控制不好，极有可能破坏 LNG 储罐，几年的心血毁于一旦。

第二节　LNG 储罐冷却方案

一、冷却方式

对于分期建设的接收站来说，LNG 储罐冷却方式分为以下两种：

（1）当 LNG 接收站接收首船 LNG 时，对接收站内首批建成的储罐进行冷却，使 LNG 储罐达到使用条件，之后完成其他调试工作，这种冷却利用船上供应的 LNG 进行。

（2）接收站已经完成投产，后续新建成的 LNG 储罐冷却所用的 LNG 来自其他储罐。

LNG 储罐冷却的第一种方式相对于第二种方式来说需要考虑的条件更多。因为 LNG 接收站在投产过程中，LNG 储罐的冷却是在接卸首船过程中进行，期间不仅需要 LNG 船方和 LNG 接收站协调完成，而且需要考虑天气状况对储罐冷却作业的影响。因此，如何更好更快地完成 LNG 储罐冷却作业，缩短第一船卸载时间，减少恶劣天气的影响，对降低 LNG 接收站试运投产成本和控制安全风险具有重大的意义。

二、冷却前提条件

（1）LNG 储罐冷却用相关工艺管线已完成氮气干燥和置换。

（2）LNG 储罐内罐、穹顶、内外罐夹层、罐底等空间已完成氮气干燥和置换。

（3）LNG 储罐和冷却用相关工艺管线进行连通，保持压力在 7.5kPa（表）左右。

（4）火炬投用，长明灯已经点燃。

（5）利用船上提供的蒸发气（BOG）将卸料总管冷却完成，并将 LNG 储罐内的氮气置换完成，储罐内 BOG 已通过 BOG 总管排往火炬进行燃烧。

（6）储罐顶部的卸料总管与地面卸料总管已经同时充满 LNG。

（7）按照 PI&D 图的要求检查所有工艺阀门、放空阀门、安全阀上下游手阀以及仪表的隔离阀状态。

（8）LNG 储罐冷却用喷淋管线已安装完毕。

三、冷却注意事项

（1）在管道的冷却过程中，低温管道不仅会产生收缩变形，而且可能由于冷却过快使低温管道上下表面温差产生弯曲变形，因此在冷却期间需定期巡检，密切监视管托位移及影响管道正常收缩的障碍物。

（2）一旦管线上管托位移超出设计范围，需立即停止冷却，待管道变形恢复正常后才能继续冷却。

（3）在管道的冷却过程中，阀门和法兰连接处可能有泄漏，所以要定期检查阀门和法兰处有无泄漏，一旦泄漏要及时处理。

（4）储罐必须在严格并且持续的监视下进行冷却，特别要严密监视储罐压力、冷却用 LNG 流量、内罐壁板和底板的温度。

（5）在 LNG 储罐冷却过程中，需注意观察火炬系统，关注火炬入口分液罐的液位和温度，液位超过设计要求后立即解决，防止发生火雨；同时关注长明灯是否正常，一旦长明灯熄灭，应立即重新点燃。

（6）时刻关注天气变化状况，一旦出现恶劣天气导致卸船中断，需立即采取紧急措施停止储罐冷却等工作。

第三节 冷却动态模拟

一、冷却计算模型

1. 建立计算模型

根据开口系统能量方程，建立出 LNG 储罐冷却的计算模型（图 1-3-1），并在该模型中进行如下假设：

（1）在整个冷却过程中，将储罐内的 BOG 气体都当作理想气体；

（2）提供冷量的 LNG 进入储罐后瞬间气化并与罐内 BOG 均匀混合为等温气体；

（3）在冷却任何时刻，储罐内不存在温度分层，为等温均质气体；

（4）环境与储罐之间的传热为稳态传热过程；

（5）整个系统的机械能为 0；

（6）在所取的微元时间内进入储罐的 LNG 流量为定值，排出储罐的 BOG 流量也为定值。

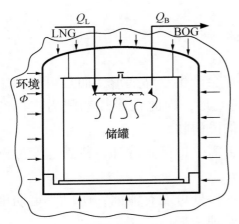

图 1-3-1　LNG 储罐冷却计算模型

Q_L—入罐 LNG 能量；Q_B—出罐 BOG 能量；

Φ—环境传递给储罐的热量

在以上的假设条件下，对 LNG 储罐冷却过程建立计算模型。

冷却过程中时间 t 与储罐温度 T_t 的关系：

$$T_t = \kappa t + T_0 \qquad (1-3-1)$$

式中　T_t——t 时刻的储罐温度，K；

　　　κ——储罐的冷却速度，K/h；

　　　t——冷却时间，h；

　　　T_0——储罐冷却前初始温度（假设为环境温度），K。

冷却过程中取 δt 时间微元作为研究分析，则在 $t+\delta t$ 时刻用式（1-3-1）表示为：

$$T_{\delta t} = \kappa(t+\delta t) + T_0 \qquad (1-3-2)$$

式中　$T_{\delta t}$——$t+\delta t$ 时刻储罐的温度，K；

　　　δt——时间微元，h。

在 δt 时间微元内质量守恒：

$$M_{Lt}\delta t = \Delta M + M_{Bt}\delta t \qquad (1-3-3)$$

式中　M_{Lt}——（t，$t+\delta t$）时间内进入储罐的 LNG 流量，kg/h；

　　　ΔM——（t，$t+\delta t$）时间内储罐中 BOG 的增加量，kg；

　　　M_{Bt}——（t，$t+\delta t$）时间内储罐排出的 BOG 流量，kg/h。

根据理想气体状态方程 $pV = nRT$ 变形为 $M = pVM_{mol}/RT$ 得到 ΔM 与储罐温度的关系式：

$$\Delta M = M_{\delta t} - M_t = \frac{p_t V M_{mol}}{RT_{\delta t}} - \frac{p_t V M_{mol}}{RT_t} \qquad (1-3-4)$$

式中　$M_{\delta t}$——$t+\delta t$ 时刻储罐内 BOG 质量，kg；

　　　M_t——t 时刻储罐内 BOG 质量，kg；

　　　p_t——储罐的绝对压力，kPa；

　　　V——储罐的容积，m^3；

　　　M_{mol}——罐内 BOG 的摩尔质量，g/mol；

　　　R——摩尔气体常数，取 8.315Pa·m^3/(mol·K)。

在 δt 时间微元内能量守恒：

$$(h_L M_{Lt} + \Phi)\delta t = \left(\frac{h_{Bt} + h_{B\delta t}}{2}\right) M_{Bt}\delta t + \Delta E_{cv} \qquad (1-3-5)$$

式中　h_L——进入储罐 LNG 液体比焓，kJ/kg；

　　　Φ——$(t，t+\delta t)$ 时间段，单位时间内传入储罐热量，kJ/h；

　　　h_{Bt}——t 时刻 BOG 气体比焓，kJ/kg；

　　　$h_{B\delta t}$——$t+\delta t$ 时刻 BOG 气体比焓，kJ/kg；

　　　ΔE_{cv}——从 t 时刻到 $t+\delta t$ 时刻储罐储存能增量，kJ。

其中

$$\Delta E_{cv} = h_{B\delta t} M_{\delta t} - h_{Bt} M_t \qquad (1-3-6)$$

$$\Phi = \lambda \left(T_e - \frac{T_t + T_{\delta t}}{2} \right) \qquad (1-3-7)$$

而

$$\lambda = \sum_i A_i \beta_i \qquad (1-3-8)$$

式中　λ——单位时间内温差 1K，传入储罐热量，kJ/（K·h）；

　　　T_e——环境温度，K；

　　　A_i——储罐不同位置的面积，m²；

　　　β_i——单位时间内储罐不同位置，单位面积温差 1K，传入储罐热量，kJ/（m²·K·h）。

2. 模型相关参数确定

1）κ 及 δt 确定

由于全包容式混凝土顶储罐要求其最大冷却速度不能超过-5K/h，所以 κ 的范围为 $[-5，0)$。而 δt 的取值将直接影响到模型的精度，若 δt 取值过大，则模型的准确性将会下降。通过综合分析，确定以储罐温度每下降 1K 所用的时间作为 δt 的取值。表 1-3-1 列出了几个 κ 值对应的 δt 取值。

表 1-3-1　不同 κ 值对应 δt 取值

κ，K/h	-1	-2	-3	-4	-5
δt，h	1	0.5	0.333	0.25	0.2

通过表 1-3-1，运用 matlab 拟合出 $\delta t = f(\kappa)$ 关系函数，如下：

$$\delta t = 0.025\kappa^3 + 0.3\kappa^2 + 1.2\kappa + 1.9 \quad \kappa \in [-5，0) \qquad (1-3-9)$$

2）h_L，h_{Bt} 及 $h_{B\delta t}$ 确定

由于 LNG 的主要成分为甲烷，所以在此采用纯甲烷的物性参数来确定 h_L 和 h_{Bt}。而国内常压全包容式混凝土顶储罐的设计压力一般为 -0.5~29kPa（表），冷却时的压力通常控制在 111.325~121.325kPa（绝）。通过查表 1-3-2

得不同绝压下甲烷饱和温度与比焓。

表 1-3-2　不同绝压下甲烷饱和温度与比焓

绝压, kPa	饱和温度, K	液体比焓, kJ/kg	蒸气比焓, kJ/kg
113.24	113	−281.81	226.08
122.61	114	−278.3	227.69

通过表 1-3-2 不难看出绝压在 [113.24kPa，122.61kPa] 时，比焓变换较小，所以取其对应液体比焓的平均值作为 h_L 值，即 $h_L = [-128.81 + (-278.3)]/2 = -280.06$ kJ/kg。

对于 h_{Bt} 的确定，首先通过 Engineer's Aide Toolbox 7.0 软件查询出理想甲烷气体不同温度时所对应的比定压热容 c_p，见表 1-3-3。

表 1-3-3　理想甲烷气体不同温度对应的比定压热容

T, K	113	120	130	140	150	160	170	180	190
c_p, kJ/(kg·K)	2.076	2.076	2.076	2.076	2.076	2.077	2.079	2.081	2.084
T, K	200	210	220	230	240	250	260	270	280
c_p, kJ/(kg·K)	2.088	2.094	2.101	2.110	2.121	2.134	2.149	2.166	2.185
T, K	290	300	310						
c_p, kJ/(kg·K)	2.206	2.228	2.253						

通过表 1-3-3，运用 MATLAB 拟合出 $c_p = f(T)$ 关系函数：

$$c_p = 2.2 \times 10^{-8} T^3 - 6.9 \times 10^{-6} T^2 + 6.3 \times 10^{-4} T + 2.1 \quad T \in [113, 310]$$

$$(1-3-10)$$

其中拟合残差为 0.003651。

而理想气体的焓只是温度的函数，并且有

$$\frac{\mathrm{d}h}{\mathrm{d}T} = c_p \tag{1-3-11}$$

因此，以式 (1-3-11) 为依据对式 (1-3-10) 求不定积分得：

$$h_{Bt} = 5.5 \times 10^{-9} T_t^4 - 2.3 \times 10^{-6} T_t^3 + 3.15 \times 10^{-4} T_t^2 + 2.1 T_t + A \tag{1-3-12}$$

将甲烷 113K 时，饱和蒸气比焓 226.08kJ/kg 作为式 (1-3-12) 的初始量，代入式 (1-3-12) 得：

$$h_{Bt} = 5.5 \times 10^{-9} T_t^4 - 2.3 \times 10^{-6} T_t^3 + 3.15 \times 10^{-4} T_t^2 + 2.1 T_t - 12.8 \tag{1-3-13}$$

$$h_{B\delta t} = 5.5 \times 10^{-9} T_{\delta t}^4 - 2.3 \times 10^{-6} T_{\delta t}^3 + 3.15 \times 10^{-4} T_{\delta t}^2 + 2.1 T_{\delta t} - 12.8 \tag{1-3-14}$$

3）λ 确定

对于 $16×10^4m^3$ 的常压全包容式混凝土顶储罐，它的结构及保温材料都是相同的，因此，以大连 LNG 接收站 T-1201 储罐冷却时的数据，来确定 λ。通过这样确定出的 λ，同时也可作为模型的一个修正参数，使所建立的模型更符合冷却时的实际情况。表 1-3-4 为 T-1201 储罐冷却一些特定时间数据及通过这些数据计算出的对应 λ。

表 1-3-4　T-1201 储罐冷却相关数据

编号	$\overline{M}_{Lt}$，kg/h	Δt，h	$\overline{T}_t$，K	$\overline{T}_{\delta t}$，K	T_e，K	p_t，kPa	λ，kJ/(K·h)
1	2710.00	1.00	260.09	256.78	273.65	110.98	82391.00
2	5900.00	1.00	234.87	230.81	272.65	111.07	80402.00
3	12190.00	1.00	197.20	192.69	273.25	111.00	84282.00
4	17350.00	1.00	166.44	162.38	275.15	110.90	80180.00
5	23920.00	1.00	141.82	138.30	272.65	110.85	87924.00
6	27530.00	1.00	122.08	120.72	278.65	110.87	86569.00

将编号 1~6 所计算出的 λ_i 通过式（1-3-15）求平均后等到的值作为 λ 的值，即 λ = 83624.67kJ/(K·h)。

$$\lambda = \frac{1}{6}\sum_i \lambda_i = 83624.67 \tag{1-3-15}$$

二、动态模拟

1. 不同冷却速度对进入储罐 LNG 量和排出储罐 BOG 量的影响

由于冷却速度的不同，会导致瞬时进入储罐 LNG 流量和冷却所需 LNG 总量的不同，同时导致瞬时排出储罐 BOG 流量和冷却过程总共 BOG 排出量的不同。当储罐压力为 111kPa、环境温度为 293K，储罐冷却初始温度为 293K，冷却速度分别为-1.5K/h，-2.5K/h，-3.5K/h 和-4.5K/h 时：（1）冷却过程中时间 t 与 LNG 需求量 M_L 和 BOG 排放量 M_{Bt} 间的关系（图 1-3-2）；（2）冷却过程中储罐温度 T_t 与 LNG 需求量 M_L 和 BOG 排放量 M_{Bt} 间的关系（图 1-3-3）。

图 1-3-2 和图 1-3-3 表明，储罐压力、环境温度和储罐冷却初始温度相同的情况下，随着冷却速度增大：冷却所用的 LNG 总量逐渐减小，排放的 BOG 总量也逐渐减小；相同储罐温度所需的 LNG 流量逐渐增加，排放的 BOG 流量逐渐减小。

2. 不同环境温度对进入储罐 LNG 流量和排出储罐 BOG 流量的影响

由于环境温度的不同会导致单位时间内传入储罐热量的不同，进而导致冷

却过程中进入储罐 LNG 流量和排出储罐 BOG 流量的不同。当储罐压力为
111kPa、储罐冷却初始温度为 273K、冷却速度为 -3.5K/h，环境温度分别为
273K，283K，293K 和 303K 时，进入储罐 LNG 流量和排出储罐 BOG 流量随时
间的变化趋势如图 1-3-4 所示。

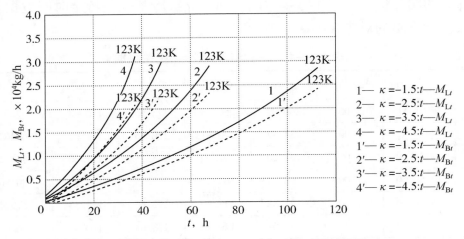

图 1-3-2　不同 κ 值 M_{Lt} 和 M_{Bt} 与 t 的关系曲线

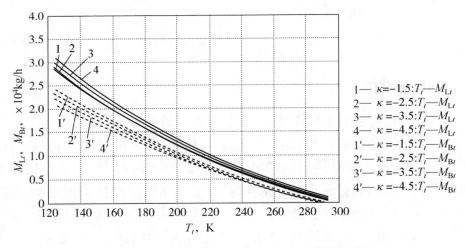

图 1-3-3　不同 κ 值 M_{Lt} 和 M_{Bt} 与 T_t 的关系曲线

图 1-3-4 表明，储罐压力、储罐冷却初始温度和冷却速度相同时，随着
环境温度的增加冷却所需的 LNG 流量和总量逐渐增加，排出的 BOG 流量和总
量也逐渐增加。

3. 储罐不同压力对进入储罐 LNG 量和排出储罐 BOG 量的影响

图 1-3-5 为当环境温度为 293K、储罐冷却初始温度为 273K、冷却速度为
-3.5K/h，储罐压力分别为 111kPa，116kPa 和 121kPa 时，进入储罐 LNG 流量

和排出储罐 BOG 流量随时间的变化趋势。由图 1-3-5 看出，储罐压力的变化对进入储罐 LNG 的量和排出的 BOG 量影响很小。

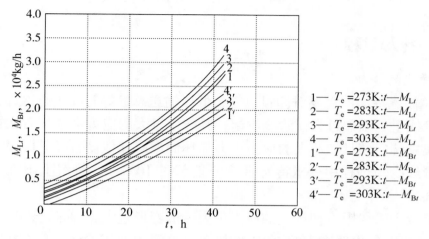

图 1-3-4 不同 T_e，M_L 和 M_{Bt} 与 t 的关系曲线

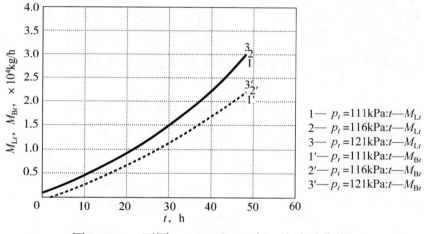

图 1-3-5 不同 p_t，M_L 和 M_{Bt} 与 t 的关系曲线

三、结论与建议

在建立储罐冷却计算模型和确定了模型中的相关参数的基础上，得到了冷却过程中冷却速度、储罐压力和环境温度与 LNG 需求（流）量、BOG 排放（流）量间的变化规律。在 LNG 接收站对储罐冷却时应尽量选择在环境温度较低的冬季，以降低 BOG 的排放量；同时，对于已经运营的 LNG 接收站，在对后期投用的 LNG 储罐冷却时，冷却初期可采用较小的冷却速度，当 BOG 的排放流量达到了接收站最大 BOG 回收量时，可逐渐提高冷却速度来减小 BOG 的排放，达到节能减排的目的。

第四节 冷 却 试 验

一、冷却过程

1. 管线的冷却

LNG 储罐冷却前需要对卸料总管、低压输送总管等管线进行冷却，为了避免这些管线上下温差过大使管线拱起，其产生过大的应力会损坏管线或管线支架及附属系统，而且如此大的应力也会损坏储罐或其他设备及其附属系统。因此，在管线冷却过程中要求冷却速率不能超过 10℃/h，管线上下面温差不能超过 50℃。

为了减少管线因冷却产生的应力过大造成变形过大，保证冷却要求，首先利用 LNG 船上气化器产生的 BOG 冷却卸料总管和低压输送总管（图 1-3-6）：冷却卸料总管用 BOG 直接进入 LNG 储罐，然后经 BOG 总管送火炬系统燃烧；冷却低压输送总管用 BOG 经高压输送总管、高压排净管线汇入 LNG 储罐，然后经 BOG 总管送火炬系统燃烧。当卸料总管和低压输送总管末端温度降至-100℃时，利用船上 LNG 对卸料总管和低压输送总管进行充液。

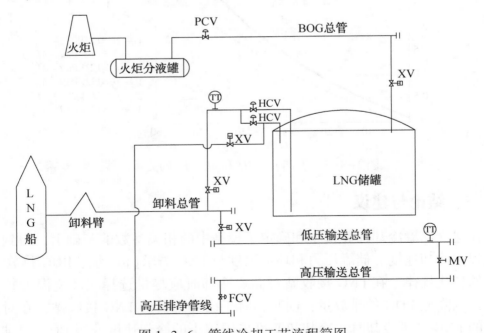

图 1-3-6 管线冷却工艺流程简图

PCV—压力控制阀；XV—切断阀；HCV—手动控制阀；MV—手阀；FCV—流量控制阀

2. 储罐的冷却

在利用船上 BOG 冷却管线过程中，利用进入储罐的 BOG 将氮气置换完成。当卸料总管进入储罐前的温度监测点温度达到-150℃时，关闭进料手动控制阀门(图1-3-6)，充液完成。然后利用船上喷射泵对卸料总管进行加压，当卸料总管压力升至0.3MPa(表)左右时，开启喷淋管线的手阀(图1-3-7)，通过控制喷淋流量开始 LNG 储罐冷却。当储罐罐底温度降至-150℃时，储罐冷却结束。

储罐冷却期间应仔细监测储罐罐壁及底部的温度，尤其是罐底温度，其冷却速率维持在3℃/h，最大冷却速率不能超过5℃/h，为了保证储罐冷却速率平稳，需专人对喷淋管线上手阀进行调节，控制喷淋流量。为保证喷淋流量的稳定，卸料总管压力需保持在0.3MPa(表)左右，因此，通过低压输送总管末端安装的临时气化器将船方供应的部分 LNG 气化成 BOG 对高压输送总管和高压排净进行冷却，冷却用的 BOG 汇入储罐。另外，储罐压力的控制通过 BOG 总管上压力控制阀自动控制，根据冷却的进程设定储罐的压力。

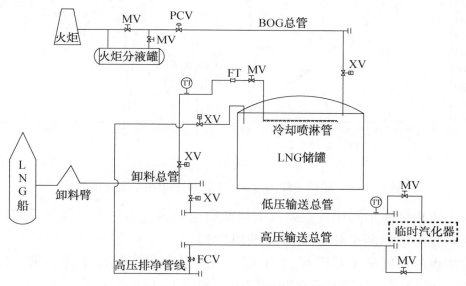

图1-3-7　储罐冷却工艺流程简图

二、储罐冷却试验

1. 数据及讨论

储罐冷却过程需要监控的数据主要包括罐底温度、罐底温度监测点最大温差、冷却速率、喷淋流量和储罐压力等参数。储罐压力随着冷却的进程分梯度进行调整，并通过压力控制阀自动调节，如果压力上升太快，还可利用储罐顶部放空阀控制，因此这里对储罐压力不做讨论，仅对 LNG 储罐罐底温度变化情况与冷却喷淋流量做相关研究。

　　为了监控冷却过程中储罐罐底不同位置的温度变化梯度，LNG 储罐罐底布置了多个温度探测点。为了方便探讨储罐冷却过程中的温度变化趋势，对所有温度检测点温度进行平均处理，如图 1-3-8 所示为大连 LNG 接收站 1 号储罐冷却温度曲线和冷却速率变化图。由储罐冷却温度曲线可以看出，从 A 点冷却开始到 E 点冷却结束，共耗时 58h，储罐温度从 0℃降至－150℃。在冷却过程中，BC 段由于冷却速率过快，对冷却喷淋流量调整过大从而导致了 CD 段储罐温度回升的情况，这可在冷却速率变化图中充分证明。由储罐冷却速率变化图可以看出，在冷却过程中的前 20h，冷却速率基本维持在 2℃/h 以下，然后冷却速率一直保持在 3℃/h 左右，最大冷却速率为 4.38℃/h，符合储罐冷却速率要求。

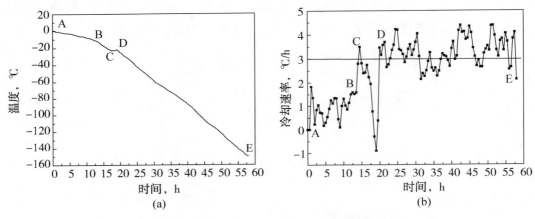

图 1-3-8　储罐冷却温度曲线(a)和冷却速率变化图(b)

　　为了防止罐底不同位置温差过大从而引起储罐变形过大，因此要求冷却过程中内罐底部任意两个相邻检测点的温度梯度不得超过 30℃，内罐底部任意两个检测点的温度梯度不得超过 50℃。如果温度梯度超过上述数值，应停止注入 LNG 到储罐，直到温差在允许值内。如图 1-3-9 所示为大连 LNG 接收站 1 号储罐冷却过程中罐底温度检测点最大差值变化图和冷却喷淋流量变化图。由罐底温度检测点最大差值变化图可以看出，罐底温度检测点最大差值随着冷却的进程逐渐增大，最大值发生在冷却过程的第 45h，为 21.92℃，随后逐渐减小。由冷却喷淋流量变化图可以看出，喷淋流量随着冷却的进程逐渐增大，在冷却过程的前 20h，冷却喷淋流量基本维持在 5t/h 以下，而随着储罐温度的降低，为了保持一定的冷却速率，喷淋流量逐渐增大，最大值为 29.39t/h。

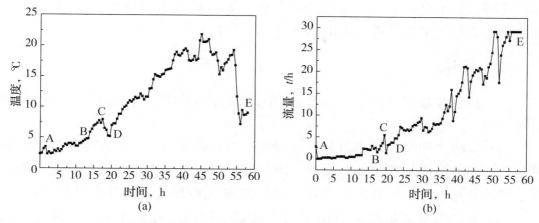

图 1-3-9　罐底温度检测点最大差值变化图(a)和冷却喷淋流量变化图(b)

通过综合对比储罐冷却温度曲线、储罐冷却速率变化图、罐底温度检测点最大差值变化图和喷淋流量变化图可以得出以下两条结论:

(1) 储罐冷却过程中,储罐温度变化速率在冷却前期与冷却喷淋流量的变化速率相关;而冷却后期,随着喷淋流量的增加,流量的波动对储罐冷却速率影响不大。因此,在储罐冷却前期需格外注意控制喷淋流量。另外,如果通过汇总国内多座 LNG 储罐冷却相关数据,进而找出冷却喷淋流量和储罐温度变化速率的规律,拟合出储罐温度和冷却喷淋流量的曲线,对今后 LNG 储罐的冷却具有重要的指导意义。

(2) 在储罐冷却过程的前期,内罐底部温度检测点最大差值的变化趋势随着喷淋流量的增加而增加;当罐底平均温度达到-100℃后,罐底温度检测点最大差值逐渐减小。

2. 相关问题探讨

(1) 在冷却相关管线过程中,因管线变形导致卸料总管上管托最大位移为150mm,其中一些钢结构障碍物对管线正常变形起到阻碍的作用,通过及时拆除切割阻碍钢结构,消除了管线应力。在今后的设计和施工过程中,建议提前预估管线变形量,消除管线周围障碍物,防止管线冷却过程因障碍物阻碍管线变形造成事故。

(2) 在冷却过程中,一些管线法兰连接处出现轻微泄漏,通过巡检及时发现并紧固,未造成泄漏增加。建议在储罐和管线冷却过程中定时巡检,发现问题及时处理,在施工过程中,法兰紧固需严格按照紧固力矩等相关参数执行。

(3) 在储罐冷却过程中,火炬分液罐液位由于 BOG 温度低、组分重,电加热器负荷小等原因而持续上升,超过设计高液位。为了防止火炬分液罐液位继续升高，发生火雨事故，采取变换流程，不经过火炬分液罐，而将 BOG 直接通过火炬分液罐旁路进入火炬燃烧(图 1-3-7)。

三、结论

（1）在管线冷却过程中，应严密关注管线冷却速率，按时巡检，发现问题及时处理。

（2）储罐冷却时，严密监测罐底温度检测点温度变化趋势及变化速率，通过调节冷却喷淋流量控制冷却速率。冷却喷淋流量与储罐冷却速率和储罐温度有一定的联系，找出三者之间的规律对 LNG 储罐冷却具有重要的指导意义。

（3）冷却喷淋流量控制的稳定与否关系着储罐冷却速率和冷却质量，因此，保持喷淋管线压力稳定、利用更精密的流量调节阀进行流量调节是保证储罐冷却速率的关键。

（4）首座储罐冷却需要与船方沟通完成，船方供应的 LNG 量如果超过冷却需求量，应采取其他方式进行处理。

第四章 卸船作业

卸船作业是 LNG 接收站重要的作业程序之一，在卸船作业过程中涉及的部门和人员众多，步骤较多，容易出现各种相关的问题，造成卸船作业中断从而造成一定的损失。在卸船过程中 ESD 测试问题、卸料臂冷却泄漏问题和排液吹扫问题是卸船过程中三大主要问题，下面将对这三大主要问题进行一一探讨。

第一节 ESD 测试

大连 LNG 接收站截至 2012 年 11 月中旬共接卸 LNG 船 13 艘，2012 年以来接卸的 11 艘全都是 Q-MAX 船型。而船岸连接系统(Ship-Shore Link System, SSL)则是实现船与岸之间各种联系的纽带，SSL 系统已经成为绝大多数 LNG 行业的标准配置，它不仅可以传输紧急切断信号，而且支持船岸通信和数据传输。

2012 年 9 月 4 日，第 11 船阿尔华利亚到达大连 LNG 码头，在卸料臂 (ARMS)连接完成，氮气吹扫、置换及氧含量监测合格后，利用光纤连接进行热态 ESD 测试时，出现了联锁频繁触发的问题，连接电缆后在卸船过程中又出现了 ESD 的联锁，导致卸船过程中断，最后只能在气缆连接下最终完成了整个卸船过程，此次由 ESD 引发的问题导致了整个卸船过程的超时，带来了一定的损失，引起了我们对卸船时 ESD 测试问题的重点关注。

一、船岸连接系统的组成及工作原理

船岸连接系统(SSL)由智能光纤系统、智能电动系统、气动系统以及一些功能模块组成，船岸之间通过光、电和气三种接头连接，接通后可分别在船方和岸方的 SSL 机柜上显示连接状态，分为船到岸(SHIP TO SHORE)和岸到船(SHORE TO SHIP)两种信号，信号经 SSL 机柜分别进入安全仪表系统(SIS)，其中卸料臂系统与岸方 SIS 系统实现联锁功能，船岸连接信号示意图如图 1-4-1 所示，SIS 系统的触发按钮为 HSS-1100201A/B/C，分别为中央控制室(CCR)、

码头控制室(JCR)和船上 ESD 箱。以岸方触发为例说明信号的传递过程：当触发按钮 HSS-1100201A 后，SIS 联锁关闭岸方相关 XV 阀，发出 SIS 中断到卸料臂 PLC 信号 XS-1100111 关闭双球阀，并且给出 SIS 中断信号 XS-1100402 至船方，造成 SHORE TO SHIP 信号中断，船方发生 SIS 联锁后，发出 SHIP TO SHORE 造成 SHIP TO SHORE 信号中断，信号传递图如图 1-4-1 所示。

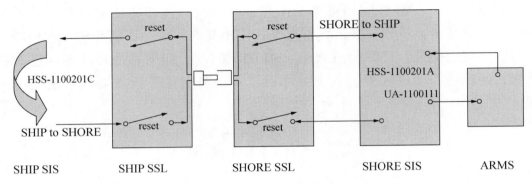

图 1-4-1　船岸连接信号示意图

二、ESD 测试及复位步骤

1. 测试前的准备

船岸之间通过光纤连接后，在 SSL 机柜上会看到"SHIP TO SHORE"和"SHORE TO SHIP"处于健康状态，这时，在测试前的准备工作为：(1)在 SSL 机柜上取消屏蔽；(2)DCS 上解除船到岸信号屏蔽；(3)在码头卸料臂 LCP 就地盘上打到"ESD TEST"模式。

2. 测试及复位步骤

卸船时 ESD 测试分为热态和冷态两个阶段，当卸料臂连接完成，并利用氮气对臂吹扫和置换后便是 ESD 热态测试阶段，热态测试时一般从岸方触发，此硬手动触发按钮位于中央控制室(CCR)的安全仪表系统(SIS)操作台上，联锁的阀门及设备包括：(1)岸方卸料臂、卸料及码头循环管线相关 XV 阀；(2)卸料臂及其双球阀；(3)船方卸料相关设备及阀门。复位的步骤如下：CCR 硬手动复位(旋起按钮)→船方复位→CCR 辅操台 reset→SIS 软复位 reset→卸料臂 LCP 复位→CCR 辅操台 reset→SIS 软复位 reset。

而码头卸料臂就地控制盘(LCP)复位的步骤如下：LCP 盘 reset→PERC 钥匙关闭→启动液压泵→打开 4 个臂双球阀→停液压泵→PERC 钥匙打开。

冷态测试是在利用船方喷淋泵提供的 LNG 对卸料臂预冷结束后进行的，

一般从船方触发，触发后联锁的阀门及设备与热态测试时相同，复位的步骤如下：船方复位→CCR 辅操台 reset→SIS 软复位 reset→卸料臂 LCP 复位→CCR 辅操台 reset→SIS 软复位 reset。

卸料臂的复位步骤与热态测试时复位的步骤相同，可以看出，冷态测试与热态测试相比，由于触发部位的不同，复位步骤少一步，ESD 测试的复位步骤是通过反复研究和试验总结出来的，经过前十艘船的实践检验是可行的。

三、ESD 测试具体过程及出现问题

第 11 艘船阿尔华利亚于 2012 年 9 月 4 日抵达大连 LNG 码头，连接光纤后，进入热态 ESD 测试阶段，测试过程共计 4 次。具体过程为：第一次首先由 CCR 辅助操作台手动触发 ESD-A 卸船中断停车信号，按照复位步骤，CCR 辅助操作台硬手动复位(旋起按钮)，后通知船方复位，复位后出现由船方发出的一个 HSS-1100201C 的 ESD-A 信号，造成岸方无法继续往下复位，DCS 上确认此报警后，此报警还继续出现；第二次经船方和岸方检查未发现问题，再次由 CCR 辅助操作台手动触发联锁，按照复位程序，CCR 辅助操作台硬手动复位(旋起按钮)，后通知船方复位，57s 后船方复位，又出现由船方发出的一个 HSS-1100201C 的 ESD-A 信号，造成岸方无法继续往下复位，DCS 上确认此报警后，此报警还是反复出现，快的几秒，慢的几分钟，在 SIS 将其屏蔽旁路(MOS)后才能复位岸方的联锁；第三次船方和岸方检查均未发现问题，船方将光缆拆下进行清洗，重新连接后，出现的现象与前两次的情况相同；第四次船方重启 SSL 机柜后再次测试，仍然出现同样的问题，随即与船方沟通后同意采用电缆连接。

在 CCR 屏蔽船到岸信号后，拆除光缆，连接电缆后进行热态 ESD，此时，此次复位采用在 SSL 机柜上手动复位，无问题。预冷三条液相臂后温度达到-140℃，开始进行冷态测试，复位成功，但是在船方启动第二台卸货泵后，突然出现一个 ZAH-1109060C-1 的报警，导致卸料中断，联系船方后告知无任何动作，怀疑问题与连接光缆时原因相同，与船方沟通后，船方不同意屏蔽信号进行卸料，协商后决定连接气缆。

同样在 CCR 屏蔽 ESD 船到岸信号，连接气缆，气缆连接后，正常保持在 0.4MPa(厂家原设定 0.33MPa)，当降低至 2bar❶ 后触发 ESD 信号，触发后，出现船方压力冲不上无法复位的现象，后经屏蔽 HSS-1100201C 船到岸信号

---

❶ 1bar = 10^5Pa。

后，进行复位，充压，复位正常，船方和岸方各触发一次，屏蔽信号进行复位，正常后解除屏蔽，复位成功。正常进入全速卸料阶段，最终在气缆的连接下完成了整个卸船过程。

四、问题分析及讨论

从第11艘船ESD测试的具体过程可以看出，整个过程出现了两个重要的问题，分别为光缆连接时船到岸信号联锁频繁触发(岸方)和电缆连接时卸料突然中断，下面针对这两个问题进行分析和讨论。

1. 光缆ESD测试问题分析

光缆连接后进行了4次测试，从发生的情况和报警记录分析，每次船方复位后总是会出现由船方发出的一个HSS-1100201C的ESD-A信号，造成岸方无法继续往下复位的现象，当时认为可能船方系统出了问题。从船上反馈回来的信息，船方同时出现了岸方发出的ESD信号。可见，此错误信号导致了"船到岸"和"岸到船"同时出现联锁触发，原因从两个方面进行剖析：首先怀疑这艘船(阿尔华利亚)的SSL系统与岸方的SSL系统兼容匹配问题，原因是前9艘船未出现此问题，复位也正常，但是电缆测试中改用手动复位后能够成功复位，因此这方面的分析在一定程度上讲不通；其次分析认为是SSL机柜的自动复位出现了问题，即在复位步骤中船方复位至CCR辅助操作台reset之间出现自动复位不成功现象，引起间断触发。这可以从电缆的ESD测试成功得到印证，在电缆的测试中，采用了SSL机柜手动复位的方法，热态和冷态复位均成功，没有出现频繁触发的问题。

2. 电缆ESD问题分析

经查报警事件记录，发现触发事件ZAH-1109060C-1为由卸料臂PLC发出的顶角超限报警信号导致的，是卸料臂系统问题，与船岸连接系统无关。此接近开关问题，从当时的实际情况看，现场卸料臂并未出现顶角超限的情形，可以确定为误报警，此误报警引起卸料中断到卸船PLC，从而引起双球阀的关闭，进而引起船到岸SIS中断而引起卸料中断，因此，必须加强接近开关的定期检查和维护。

3. 优化的复位步骤

由分析可以看出，问题的核心集中在ESD测试的复位步骤上，如何本着安全、高效的原则优化复位步骤是解决问题的关键，同时也利于问题的查找和发现。提出复位时采用船方和岸方INHIBIT屏蔽信号后分别复位的方法，复位成功后，在SSL机柜上检查"船到岸"和"岸到船"信号处于健康状态后，然后解除屏蔽 INHIBIT，如果一方复位不成功可在 SSL 机柜上得到证实，从而检查出问题所在。ESD-A 的总复位步骤如下：CCR 旋起按钮→SSL 进行 INHIBIT→SSL 复位 reset→CCR 辅操台 reset→卸料臂 LCP 复位→SIS 软复位 reset→CCR 辅操台 reset→SIS 软复位 reset，等 SSL 机柜船到岸信号正常后取消 INHIBIT。

可见，修改后的 ESD-A 测试复位程序，增加了"SSL 进行 INHIBIT"和"SSL 复位 reset"两个步骤，虽然多了操作的步骤，但可以避免所有可能出现问题的环节，经过后来的 12 船和第 13 船的接卸过程都得到了很好的验证，经过试验，最终找到了最优化的程序复位步骤：CCR 旋起按钮→SSL 进行 INHIBIT→SSL 复位 reset→CCR 辅操台 reset→卸料臂 LCP 复位→CCR 辅操台 reset→SIS 软复位 reset，等 SSL 机柜船到岸信号正常后取消 INHIBIT。

最终优化后的步骤为 7 步，经过实践检验是可行的、最简的。

五、ESD 测试应注意的问题及建议

热态和冷态 ESD 测试是整个卸船过程中的重要环节，也是卸船时安全的重要保障，因此必须重视和认真对待，通过对第 11 船出现的问题分析和探讨，必须充分认识和重视以下几点：

（1）仪表专业加强对运行人员进行相应的设备特性技术交底，加大对操作的支持。操作人员对设备仪表特性的掌握，更好地操作使用设备，解决问题时才能有准确信息的反馈。

（2）来船前，需要对卸料臂及其相关设备进行详细和彻底的检查，包括卸料臂就地 LCP 盘、码头控制室 SSL 机柜、SSL 系统的光缆、电缆和气缆接头等。

（3）来船前，进行 ESD-A 模拟测试，触发方式为岸方触发和模拟船方触发，对光缆、电缆和气缆分别进行，严格按照复位步骤进行，发现问题应及时处理，建议测试前重启 SSL 机柜。

（4）建议对曾经发生问题的部位进行重点检查，如卸料臂的接近开关，建议进行定期维护。

（5）加强与船方的沟通和交流，确保信息对称，及时反馈。

第二节　卸料臂与船连接法兰处泄漏处理

LNG 卸料臂是 LNG 卸载过程中最重要的设备之一，而卸载过程中卸料臂与船连接法兰处又是最易发生泄漏的，因此怎样避免其泄漏显得尤为重要。大

连LNG接收站在投产运行初期，卸料臂与船连接法兰处多次泄漏，经过对发生过的泄漏及处理方式进行分析，提出了相应的改进措施和应急预案。改进后的措施不仅有效地降低了泄漏频率，同时保证了卸载过程安全、高效地完成，应急预案也使得发生泄漏后的处理更加安全、规范和高效。

一、泄漏分析及处理过程

1. LNG船接卸及泄漏统计

从2011年11月16日至2012年9月6日，大连LNG接收站共接卸LNG船11艘。表1-4-1列出了接卸时间及是否发生过泄漏和具体的泄漏部位。

表1-4-1　11船LNG接卸情况

序号	船　名	卸船时间	是否泄漏	泄漏部位
1	伊斯科	2011年11月16—24日	否	
2	赛瑞	2011年12月26—27日	是	卸料臂B与船连接法兰
3	探险者	2012年1月23—24日	否	
4	阿祖号	2012年2月1—2日	是	卸料臂B与船连接法兰
5	阿米拉	2012年3月10—11日	否	
6	麦肯尼斯	2012年4月8—9日	是	卸料臂B与船连接法兰
7	沙格兰	2012年5月9—11日	是	卸料臂B与船连接法兰
8	阿尔萨姆利亚	2012年6月4—5日	是	卸料臂B与船连接法兰
9	莫扎号	2012年7月18—19日	否	
10	阿米拉	2012年8月15—16日	是	卸料臂A与船连接法兰
11	阿尔华利亚	2012年9月4—6日	否	

从表1-4-1可以清晰地看出，整个11船接卸过程中共发生了6次泄漏，而每一次泄漏都发生在卸料臂与船连接法兰处。其中卸料臂B与船连接法兰处发生过5次，而卸料臂A则发生过1次，卸料臂C未发生过泄漏。

2. 泄漏因分析

（1）LNG管线压力分配不均。

由于6次泄漏中，卸料臂L-1101B与船连接法兰处发生过5次，而其他两个液相臂几乎没有发生过泄漏；同时，LNG由船上卸货泵加压输送至其总管，再由总管分配至每一个卸料臂，若由于某些原因(如：泵台数的增加、流量的调节)导致各卸料臂管线压力分布不均，使得卸料臂B管线压力高于其他两个卸料臂，则可能使卸料臂B与船连接法兰处发生泄漏。

（2）快速耦合器连接力分配不均。

大连 LNG 接收站卸料臂采用快速耦合器来完成卸料臂法兰与船上对接法兰的连接。当操作员完成了卸料臂的对接后，通过启动快速耦合器来连接其对接法兰面。快速耦合器是通过卸料臂液压泵提供液压能由其能量分配器来给耦合器提供液压动力完成法兰面连接。图 1-4-2 为卸料臂快速耦合器图。从图中可以看出单个卸料臂上设置了 5 个快速耦合器，它们均匀地安装在卸料臂法兰面处，以保证卸料臂对接后法兰面各处相同的连接力，同时其能量分配器也给每个快速耦合器提供相同的液压能来保证法兰面各处具有相同连接力。若由于某些原因导致一个或几个快速耦合器得不到相同的液压能，则会使得法兰面各处紧固力的不均匀，或者管道弯曲应力超过耦合器连接应力，就会使得卸料臂与船连接法兰出发生泄漏。而第 2、第 4、第 6、第 7 和第 8 船 LNG 卸料臂法兰连接处的都与快速耦合器有关。

图 1-4-2　卸料臂快速耦合器

（3）密封垫圈损坏或未正确安装。

LNG 卸料臂与船对接法兰面处安装了抗低温的橡胶密封垫圈（图 1-4-3）。此垫圈可有效地防止法兰面的泄漏。如此密封垫圈损坏或没有正确地安装，则会导致卸料臂与船连接法兰出发生泄漏。

（4）过快的冷却速度。

虽然以上的 6 次卸料臂法兰面泄漏都发生在全速卸料前后，从表象上看冷却过程并不是造成卸料臂泄漏的直接原因，因为如果冷却过程中出现问题，在冷却过程中就会出现泄漏等问题。但是从机械连接原理和材料变形的角度来看，冷却速度过快是造成全速卸料时泄漏的直接诱导因素。

金属材料都有热胀冷缩的效应，当金属管道接触低温液体时，在温度降低

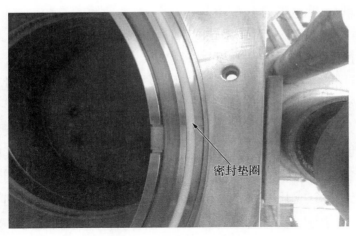

图 1-4-3   密封垫圈

的同时也会产生收缩效应，而不同的温度梯度所产生的收缩率又不同，因此如果管道冷却过程中上下表面温度相差过大，会造成管道上下面收缩率巨大的差异，收缩率的差异会造成管道的弯曲变形，产生弯曲应力；而如果管道某处存在应力集中点，例如法兰连接处，法兰两端弯曲应力会迫使法兰面进行曲张，如果法兰连接面所施加的预紧力不足以对抗管道弯曲所产生的弯曲应力，这样会造成法兰面出现泄漏的可能，如果管道内的压力足以冲破密封面所施加的应力，将产生泄漏。卸料臂在冷却过程中由于直接利用 LNG 进行冷却，因此 LNG 在进入卸料臂时液体首先通过下表面，而上表面温度仍然较高，这样就造成管道上下表面温度的差异，同时产生弯曲应力，如果预冷速度过快，会造成管道底部和顶部温度的巨大差异，这样就会在卸料臂连接处产生巨大的弯曲应力，使法兰连接面产生曲张，而当全速卸料时，由于卸料管线压力的升高从而造成泄漏。具体可用如下公式表达：

法兰面泄漏可能=（法兰处预紧力≤法兰两端管线弯曲应力）

法兰泄漏=（管线内压力>法兰密封面作用力）

对于不同材料，温度的降低可能会产生不同效应，材料的内部变化也相差较大（例如不同材料在温度下降时马氏体的生长速度不同），但是对应于同一种材料，这种效应主要体现在某种参数的变化上，具体涉及冷却时的低温效应的参数主要可通过分析材料的冷收缩率进行研究，不锈钢的冷收缩率如图 1-4-4 所示。

从图 1-4-4 中可以看出，随着温度的降低，冷收缩率增加的速度也在降低，因此在冷却初期尤为重要，因为此阶段的冷收缩率增长较大，相同温度梯度的冷收缩率较大，造成的局部弯曲应力也较大。而且由于接收站卸料臂连接

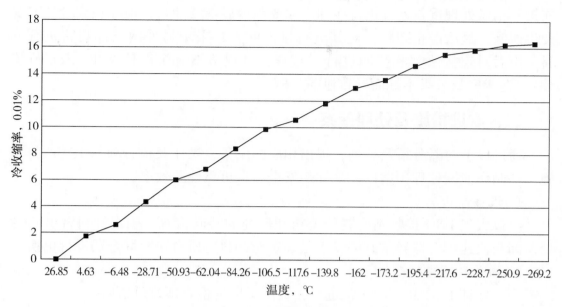

图 1-4-4　不锈钢冷收缩率曲线

方式采用耦合器连接，只要管道产生的弯曲应力超过耦合器的连接应力，就会发生泄漏，而如果采用法兰连接，螺栓随着弹性形变的增加预紧力也增加，而随着温度差异的降低弹性形变也消失，预紧力将恢复，但是接收站所采用的耦合器通过液压装置连接，一旦管道弯曲应力超过连接应力，卸料臂法兰连接处的密封将失效，造成泄漏。而过快的冷却速度是造成管道弯曲应力过大的主要原因，因此有效地控制卸料臂冷却速度对于防止泄漏显得尤为重要。

3. 泄漏处理过程

表 1-4-1 中接卸第 2、第 4、第 6 和第 8 船时卸料臂 B 连接法兰处发生泄漏（泄漏量较小）。发现泄漏之后，立即通知船方停止卸货泵，降低其管道压力；同时，设备抢修组组织维修人员对泄漏部位安装临时卡具进行紧固；若此时还有微量泄漏，则用湿抹布对泄漏部位进行缠绕，并用尖具将湿抹布均匀地塞入泄漏缝隙中，同时不断地往抹布上浇水，利用局部骤冷使缝隙冻结阻止泄漏。经过处置后，船方再次启动卸货泵卸料，并适当降低卸载压力。在卸料过程中船岸双方都加强了对泄漏部位的巡检和监视，顺利完成了整个卸载工作。

接卸第 7 船卸料臂 B 连接法兰处再次发生轻微泄漏，采用以往的方式处理后最终阻止了泄漏。但重新开始卸料至全速后此处又开始泄漏。于是立即停止卸料，并进行排液和吹扫，单独采用其他两条未发生泄漏的臂继续卸料。

接卸第 10 船时，卸料臂 A 连接法兰处发生较大泄漏（有液体流出），无法采取以上方式处理。于是，立即停止卸料，排液吹扫，待连接法兰解冻后断开连接并稍做处理重新连接进行冷却。完成预冷后继续卸料，但在快到全速时又发生泄漏，最后停止卸料，对其进行排液吹扫，采用另外两条卸料臂进行卸料。事后对连接法兰和垫圈进行了检查，发现垫圈有个部位突出（未正确安装），造成密封效果不好而导致泄漏。

二、改进措施及处理预案

通过以上泄漏分析及处理，提出相应的设备、操作及检查项、工艺改进措施，并制作泄漏处理预案以提高卸船安全性、可靠性及效率。

1. 设备改进

经过大连 LNG 接收站、寰球公司和厂商的共同检查，确定卸料臂 B 法兰处泄漏与快速耦合器异常有关，于是确定对卸料臂所有快速耦合器进行更换。

2. 操作及检查项改进

为了保证 LNG 卸载的正常进行，提出了以下检查项改进措施：

（1）打开液压连接器，并移去盲法兰。保护好盲法兰，打开连接器时，用手托住，以防掉落。

（2）检查连接器表面密封面、垫圈（必须在 5 个固定卡环内）和 O 形圈是否损坏。如有损坏，应予更换。

（3）检查 LNG 运输船法兰密封面是否完好，管道是否清洁，必须安装过滤器。

（4）确认密封面无水汽（如有，必须用氮气吹扫干净）。

（5）缓慢移动臂，啮合 LNG 运输船法兰上的法兰导杆，将"🐢/🐇"开关置于"🐢"位置。

（6）操作装卸臂控制装置，直至 LNG 运输船管汇和连接器表面之间实现面对面接触。

（7）调整卸料臂上的 Stely80 处的机械支撑。建议在机械支撑的底部放置几块木头。在冷却过程完成后，机械支撑顶腿才最终调整完成。

（8）操作快速耦合器 QC/DC 时，以紧固螺柱后部螺柱不再旋转，并延迟 5s 为已经紧固完成的标志。

3. 工艺改进

由分析得知，工艺上对泄漏的影响主要为卸料臂预冷的控制。通过对表 1-4-1 中发生法兰泄漏船次的预冷曲线进行分析，它们都具有预冷时间较短（1h 左右）的情况（最短的大概只有 40min）或频繁对冷却 LNG 流量进行调节。因此，对预冷方式及速度（冷却时间由 1~1.5h 增加至 1.5~2h）提出相应的改进。

　　图 1-4-5 为卸料臂冷却时流程分段图，图中将卸料臂的冷却分为三阶段：阶段 1 为船上水平管线及卸料臂连接法兰冷却；阶段 2 为卸料臂 Style80 及外臂冷却；阶段 3 为卸料臂内臂及岸上码头处水平管线冷却。在阶段 1 冷却过程中，船上开启喷射泵并通过泵回流控制 PI 在 0.1MPa 左右，这时在 TI 处显示的温度会略微的上涨趋势（如图 1-4-6 中阶段 1 所示）。LNG 充满阶段 1 末端后，开始冷却阶段 2，此时船方通过调节泵回流量逐渐增大 PI 处压力，这时在 TI 处显示的温度会有显著的上升趋势（如图 1-4-6 中阶段 2）。当 LNG 到达卸料臂内外臂夹角顶端时，船方通过调节泵回流量适当降低 PI 处压力，这时在 TI 处的温度会逐渐稳定下降（如图 1-4-6 中阶段 3），直至 TI 温度降至−140℃完成预冷。

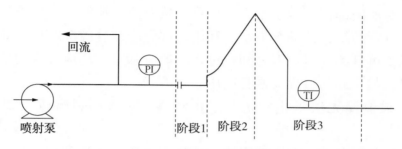

图 1-4-5　卸料臂冷却流程分段图

　　图 1-4-6 为改进后卸料臂冷却时岸方对冷却温度的监视曲线。阶段 1 主要是完成对船上水平管线及卸料臂连接法兰冷却。与未改进前相比，接收站主要增长了对阶段 1 的冷却时间以降低连接法兰处的温降，保证管道弯曲应力小于快速耦合器连接应力。阶段 2 和阶段 3 的冷却和未改进前几乎相似。

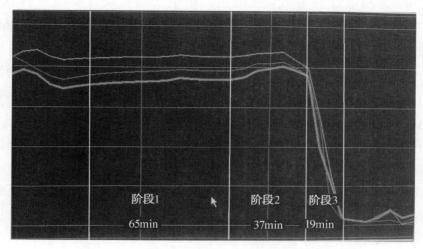

图 1-4-6　卸料臂冷却 DCS 温度监控曲线

通过以上改进，LNG接卸过程中卸料臂与船连接法兰处未再发生过泄漏，泄漏得到了有效的控制。

4. 处理预案

由于卸料臂与船连接法兰处多次发生泄漏，大连LNG接收站运营部针对此泄漏制作了处理预案，以便能更加安全、可靠、高效地处理此种泄漏。以下为预案内容：

（1）目击者或当事人发现卸料臂泄漏时，应立即通过对讲机报告主控室和操作总监，操作总监上报给接收站应急办公室，应急总指挥组织现场人员和利用周围资源进行应急处理。当有可能发生滞港时，接收站副经理通知生产处和公司主管副总经理。

（2）发生少量泄漏时（没有液体流出），通知船方停泵，设备抢修组立即组织维修人员对泄漏部位打卡子紧固，如果仍然有微量泄漏，可以继续用湿抹布对泄漏部位进行缠绕，并继续浇水，利用局部骤冷使缝隙冻结以阻止泄漏，如果不再泄漏，可继续卸料。但是卸料过程中船方和岸方均应加强对泄漏部位的巡检和监视，整个卸料过程要避免超压。

（3）如果泄漏无法阻止，立即停止卸料。对该卸料臂进行泄压和氮气置换。

（4）如果是一条臂泄漏无法阻止，泄压置换后，尽快利用另外两条卸料臂继续进行卸料，卸料速度可以与船方协商适当提高流量，船方一般以11800～12800m³/h卸料速度卸货，总卸料时间（启第一台泵到停最后一台泵）约20h（其中包括1h前期处理漏点时间，三条液相臂不出问题同时工作时总卸料时间约17h，相差3h。基本上能保证36h船舶在港时间）。

（5）如果是两条臂泄漏均无法阻止，由于一条臂设计流速只有6000m³/h，按照浮动20%计，即7200m³/h，总卸料时间将达到31h，不能保证36h船舶在港时间，这种情况下必须对泄漏的两条臂进行泄压、置换、升温（恢复到大于零度）后，重新连接卸料臂，整个时间为4～6h。之后利用三条臂开始卸料。理想状态下，如果其他项目时间紧凑的情况下仍然能满足船舶在港时间36h要求；正常状态下，会产生船舶滞港1～3h。

（6）接收站负责事故现场取证，结束后由总指挥负责组织分析原因和提出避免泄漏的措施。

（7）如果3条臂均出现无法阻止的泄漏，参考步骤（4）重新对三条臂进行泄压、置换、升温，重新连接卸料臂再开始卸料。正常状态下，会产生船舶滞港3～5h。

三、结论与建议

通过对大连 LNG 接收站 6 次 LNG 卸料臂与船连接法兰处泄漏的分析和相应的改进,有效地降低了卸船时此处的泄漏频率,同时增强了卸船的可靠性、安全性和高效性。并提出如下建议:(1)由专人负责,定期对此卸料臂做全面系统检测,并在每两次相隔时间间隔长的 LNG 船到来之前加强重点检测;(2)深入分析卸船系统中所包含的所有单元部件,并从中具体分析,找出发生事故可能性较大的单元作为重点检测单元,并由专人负责,定期检查。

第三节　卸料臂排液吹扫

一、排液吹扫方案

卸船完毕后的吹扫分为"向船方的压涨式吹扫"和"向接收站的连续吹扫"。压涨式吹扫主要是将 XV-1100103A/B/C 阀和 XV-1100203 阀开启,接收站提供氮气向船方吹扫,当船上检测到船方卸船管线没有 LNG 时,停止吹扫。关闭双球阀和吹扫用氮气 XV 阀,之后接收站采用连续吹扫;连续吹扫是对液相 LNG 臂进行吹扫,主要是将 XV-1100103A/B/C 阀和 XV-1100105/7/9 阀开启,通过 TT-1100105/6/7 进行吹扫监测,当温度达到-130℃时,吹扫完毕,关闭阀门。

二、排液吹扫问题分析

1. 数据整理

下面以 LNG 接收站 2012 年 6 月 5 日卸船完毕后的吹扫进行分析。图 1-4-7 为 CH_4 含量在 94% 左右(与本次卸载的 LNG 组分非常接近,本次卸载 CH_4 含量为 94.09%)标准 LNG 的 p-T 关系曲线。

从图 1-4-7 中可以看出,当压力为 2bar 时,饱和温度为-153℃;当温度为-130℃时,饱和压力为 7.45bar。

表 1-4-2 为本次连续吹扫时的数据。图 1-4-8 为连续吹扫时,温度随时间的变化曲线。从图 1-4-8 中可以看出吹扫时,随着时间的增加,温度先下降至 LNG 温度,然后再上升。

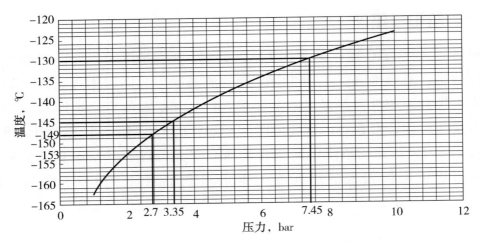

图 1-4-7   CH₄ 含量在 94% 左右标准 LNG 的 p-T 关系曲线

表 1-4-2   连续吹扫时的数据

时间	TI-1100105 ℃	TI-1100106 ℃	TI-1100107 ℃	FT-2800201 m³/h	PI-1100101 MPa(表)	PI-1100102 MPa(表)	PI-1100103 MPa(表)
15:48	-151.00	-150.38	-149.57	46.15	0.20	0.23	0.25
15:54	-150.18	-151.58	-149.51	180.27	0.21	0.19	0.16
16:00	-150.76	-160.64	-154.36	205.28	0.25	0.18	0.18
16:06	-156.46	-153.47	-160.48	209.36	0.25	0.19	0.19
16:12	-160.95	-142.80	-162.69	192.55	0.27	0.19	0.19
16:18	-153.30	-136.59	-151.88	209.15	0.19	0.19	0.19
16:24	-140.44	-131.87	-140.34	202.48	0.19	0.19	0.19
16:30	-132.15	-130.37	-131.57	134.96	0.19	0.18	0.19

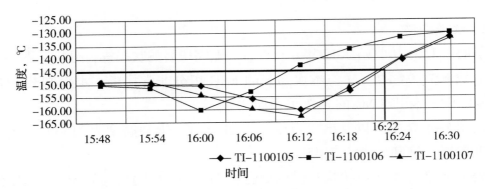

图 1-4-8   温度随时间的变化曲线

表 1-4-3 为卸料臂 A 和卸料臂 C(卸料臂 BXV 阀泄漏严重，数据不具有可

分析性）吹扫完成之后的泄压与自由膨胀数据。

表 1-4-3 泄压与自由膨胀数据表

时间	吹扫干净程度（L-1101A）			备注
	TI-1100101，℃	TI-1100105，℃	PI-11001010，MPa（表）	
15：48	−149.73	−151.00	0.20	吹扫
15：54	−148.40	−150.18	0.21	
16：00	−144.80	−150.76	0.25	
16：06	−138.84	−156.46	0.25	
16：12	−132.89	−160.95	0.27	
16：18	−124.76	−153.30	0.19	
16：24	−116.92	−140.44	0.19	
16：30	−108.12	−132.15	0.19	吹扫完成
16：36	−103.47	−130.38	0.18	其他
16：42	−107.81	−130.84	0.05	1 次泄压
19：48	−77.07		0.37	自由膨胀
20：12	−87.75		0.04	2 次泄压
10：06	−10.81		0.30	自由膨胀

2. 数据分析

在整个的数据分析过程中，将以卸料臂 A 为主要分析对象，其他两个臂的分析类似。

1）目标温度

图 1-4-7 中已经标示出不同压力下对应的饱和温度。当压力为 2bar（吹扫时稳定压力）时，饱和温度为−153℃；当压力为 2.7bar（吹扫时的最高压力，从表 1-4-2 中可以看出）时，饱和温度为−149℃左右；当温度为−130℃（当前目标温度）时，饱和压力为 7.45bar；温度为−145℃时，饱和压力为 3.35bar。

从图 1-4-8 上可以看出，当 16 时 22 分时，温度达到−145℃，比目标温度−130℃提前 7min 左右，这时氮气的消耗为 42m^3，比目标温度少用氮气 7m^{3}左右，及比整个连续吹扫氮气消耗量降低 14.5%左右。

2）吹扫干净程度

从表 1-4-3 中可以看出，吹扫、泄压完成后，管道的温度 TT-1100101 为−107.81℃，压力为 50kPa。通过第一次自由膨胀后温度升为−77.07℃，压力为 370kPa。由理想气体状态方程 $pV=nRT$ 计算：若管道中的只有 NG 气体，那么温度从-107.81℃升至-77.07℃时，压力应该为59.30kPa，显然膨胀后的压力远远大于理论计算的气体膨胀压力，说明吹扫完成后，管道内还有LNG液体存在。第二次自由膨胀：首先将压力泄至40kPa，温度为-87.75℃，通过一段时间的自由膨胀压力升至300kPa，温度上升至-10.81℃，由计算得到，若为气体自由膨胀，那么温度为-10.81℃时，压力应为56.6kPa，显然膨胀后的压力远远大于理论计算的气体膨胀压力，说明通过泄压后，管道内还有LNG液体存在。当压力达到300kPa再泄压后，管道内的压力几乎不再上升，恢复正常状态，整个过程耗时大约17.5h。同时可以推算出：当TT-1100105为-145℃时，TT-1100101的温度大约为-121℃；而TT-1100105为-130℃时，TT-1100101的温度大约为-108℃左右。从第一次自由膨胀看出，温度上升30℃，压力上升至320kPa左右，所以若以TT-1100105为-145℃时作为目标温度，那么在第一次自由膨胀前的温度为-121℃，压力泄至50kPa，通过第一次自由膨胀后，温度上升为-77.08℃时，压力大约为500kPa。通过公式将各种工况的体积转化为标况体积，并得到表1-4-4：

$$V_{标} = 273.15(p+101)V_{管道}/[(T+273.15)\times101]$$

表1-4-4　体积转换表

T, ℃	p, kPa	标况体积
-107.81	50	$2.45V_{管道}$
-77.07	370	$6.50V_{管道}$
-87.75	40	$2.06V_{管道}$
-10.81	300	$4.13V_{管道}$
-121	50	$2.67V_{管道}$
-77.07	500	$8.29V_{管道}$

由表1-4-4可以知道，以-130℃为吹扫目标温度时，由LNG相变而来的NG为$\Delta V_{-130NG}=[(6.50-2.45)+(4.13-2.06)]V_{管道}=6.12$；以-145℃为吹扫目标温度时，由LNG相变而来的NG为$\Delta V_{-145NG}=[(8.29-2.45)+(4.13-2.06)]V_{管道}=7.69V_{管道}$。所以两种目标温度下管道内残留的LNG量分别为$\Delta V_{-130LNG}=(6.12/600)V_{管道}=0.0102V_{管道}$；$\Delta V_{-145LNG}=(7.69/600)V_{管道}=0.0128V_{管道}$（标况下1m³的LNG大约转化为600m³的NG）。

三、结论

表1-4-5中的结论均为大约量，并非精确值。

表 1-4-5　连续吹扫下的耗时、氮气消耗量及 LNG 残留量

项　目	目标值(-130℃)	建议值(-145℃)
连续吹扫时间，min	42	33
连续吹扫氮气消耗量，m³	V	$75\%V$
LNG 残留量	$0.0102V_{管道}$	$0.0128V_{管道}$
说明	若以 L-1101B 来看，则连续吹扫时间为 24min，连续吹扫氮气的消耗量为 57%；V 为当前连续吹扫的氮气消耗体积	

第五章 BOG 回收处理

目前国内 LGN 接收站对 BOG 回收处理工艺主要采用加压再冷凝的方式进行，因此在回收 BOG 的过程中再冷凝器的功能发挥着重要的作用，也是 LNG 接收站的核心设备。因此在研究 BOG 回收处理相关问题时，对再冷凝器问题的研究是本章的重点。

第一节 LNG 接收站 BOG 产生因素分析

LNG 由于自身的低温特性，在生产、储存和运输过程中不可避免地产生一定量的 BOG。LNG 接收站在生产运行过程中产生 BOG 的因素主要有以下几条：

（1）在卸船过程中，会产生一定量的 BOG 气体，根据来船的情况，产生量又有所不同，而且卸载的 LNG 占用储罐内 BOG 的空间，间接造成 BOG 量增加。

（2）LNG 储罐在储存 LNG 过程中，由于与外界存在热交换，使储罐内的 LNG 部分气化成 BOG 气体。

（3）当 LNG 接收站不卸船时，卸料管线需要维持低流量 LNG 进行循环保冷，循环的 LNG 返回至储罐，由于 LNG 在循环过程中与环境热交换，进入储罐后会产生一定量的 BOG 气体。而未运行的高压泵和低压泵等设备，以及配套管线也需要维持低流量 LNG 进行循环保冷，当这部分循环的 LNG 进入储罐时也会产生一定量的 BOG 气体。

第二节 BOG 回收处理技术

LNG 接收站 BOG 回收处理工艺主要分两种形式：一种通过再冷凝器冷凝成 LNG 后加压、气化并外输；另一种是直接压缩进行外输。

一、再冷凝工艺

LNG 接收站的再冷凝工艺流程如图 1-5-1 所示，LNG 接收站在生产运行过程中产生的 BOG 通过 BOG 总管进入 BOG 压缩机系统进行增压，然后增压后的 BOG 气体通过储罐内低压泵送出的深冷 LNG 进行冷凝，冷凝后的液体经高压泵加压、气化器气化后送外输管道。

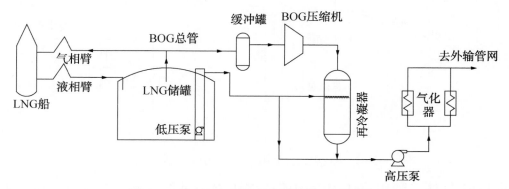

图 1-5-1　LNG 接收站再冷凝工艺流程图

二、直接压缩外输工艺

直接压缩外输工艺一般有两种形式：一种是直接加压至和气化后外输管网压力相同后汇入外输管网进行输送（图 1-5-2）；另一种是将加压至一定压力，直接输送至用户使用（图 1-5-3）。一般外输管网压力较高，在 3MPa 以上；而用户要求的压力较低，一般在 1MPa 以下。因此第一种形式要求选择压缩比较大的压缩机，而第二种形式仅要求选择适合用户需求的压缩机即可。

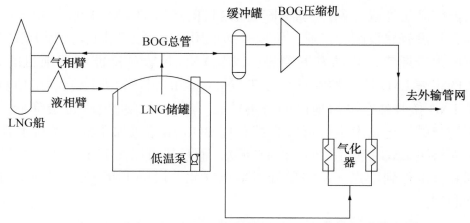

图 1-5-2　直接压缩至外输管网工艺 LNG 接收站流程图

三、BOG 回收工艺讨论

目前国内运行的 LNG 接收站全部采用再冷凝工艺回收处理生产过程中产

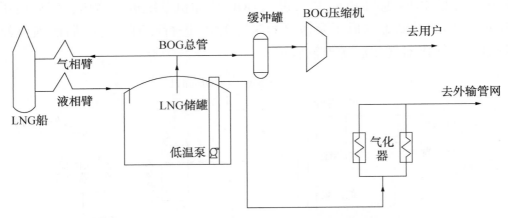

图1-5-3　直接压缩至用户工艺 LNG 接收站流程图

生的 BOG 气体。利用流体力学中流体增压方法对再冷凝工艺和直接压缩外输的工艺能耗进行的分析讨论，指出再冷凝工艺能耗远低于直接压缩外输工艺，而且指出外输压力越大，再冷凝工艺节能效果越好。但直接压缩外输工艺是指直接压缩加压至和外输管网同样的压力进行外输，并未对加压外输工艺进行分类对比，具有一定的狭义性。

目前世界范围内运行的 LNG 接收站多采用再冷凝工艺和直接压缩至用户的工艺回收处理 BOG 气体。采用再冷凝回收工艺的接收站一般外输管网压力较大，且周围没有配套的工业支撑，例如电厂等燃气用户。而采用直接压缩至用户工艺的接收站一般有直接的用户，且外输管网压力不是很高，一级低温泵加压后能够满足外输管网压力需求。国内目前运行的 LNG 接收站由于外输压力较大，且没有建设配套产业，所以全部采用再冷凝工艺回收处理 BOG 气体。但随着国内产业集群化的发展趋势，以及 LNG 接收站冷能利用项目的开展，在不久的将来 LNG 接收站附近会逐步发展配套的用户以及冷能利用项目。而且随着 LNG 接收站在沿海地区的密集发展，对外输压力要求也会降低。直接压缩至用户的工艺技术不仅可以直接利用 BOG 压缩机加压输送给配套用户使用，从而解决 LNG 接收站 BOG 回收问题，而且还可以使 LNG 接收站冷能利用的空间和范围得到增强，从储罐低温泵至气化器段的 LNG 气化潜热都可以进行冷能利用。

第三节　再冷凝操作控制技术

当 LNG 运输船到达 LNG 接收站后，利用卸料臂接卸至储罐储存，储罐内的 LNG 通过低压泵一级增压输出，并经过高压泵二级增压后送入气化器气化，最后进行外输；接收站在生产过程中产生的 BOG 气体汇总在储罐气相空间，一部分在卸船期间通过气相返回臂返回至船舱，另一部分经过压缩机加压后进入再冷凝器，利用低压泵送来的深冷 LNG 进行冷凝，冷凝后汇入低压输送总管进入高压泵进行增压，然后进入气化器气化外输。从工艺流程可以看出，再冷凝器在整个接收站运行过程中起到承前启后的作用，也被业内人士称为 LNG 接收站的"心脏"，其控制难度是接收站最高的，而且任何工艺的变动都能够引起再冷凝器的波动，因此如何更好地控制好再冷凝器，对接收站的平稳运行具有重要的意义。

一、再冷凝器工艺流程简介

再冷凝器主要工艺流程如图 1-5-4 所示，来自 BOG 压缩机的增压 BOG 气体，通过与来自低压泵的一部分深冷 LNG 换热冷凝，冷凝后的液体经再冷凝器出口与来自低压泵的另一部分 LNG 混合进入高压泵。当再冷凝器液位高于设定值后，来自高压天然气管线的 NG 气体进入再冷凝器顶部，而当再冷凝器顶部压力高于设定值时开启去 BOG 总管的阀门进行泄压。

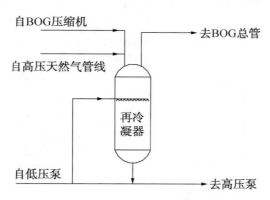

图 1-5-4　再冷凝器主要工艺流程简图

二、再冷凝器控制技术介绍

从再冷凝器相关工艺流程可以看出，再冷凝器实质上是一个物料发生相变的反应容器，因此如何更好使再冷凝器运行稳定，最重要的是控制好进入再冷凝器的气液比，以及出口与入口的物料平衡。针对这两个重要控制点，目前国内运行的 LNG 接收站主要采用两种方式对再冷凝器进行控制调节：一种是利用进入再冷凝器的 BOG 流量和再冷凝器液位控制气液进入比率，利用再冷凝器出口压力调节再冷凝器物料平衡；另一种是利用再冷凝器顶部气相压力来控制再冷凝器气液进入比率，利用再冷凝器液位控制再冷凝器物料平衡。虽然两种控制方式在控制理念上存在不同，但两者的实质都是控制好气液比和物料平衡，来实现再冷凝器的平稳运行。本节结合大连 LNG 接收站再冷凝器控制模式对第一种控制方式进行分析讨论。

三、再冷凝器主要工艺控制参数

大连 LNG 接收站 BOG 再冷凝主要工艺如图 1-5-5 所示。BOG 经过压缩从再冷凝器顶部进入，与低压泵提供的部分 LNG 在再冷凝器中充分换热，从而将 BOG 冷凝为 LNG；之后与再冷凝器旁路的 LNG 混合进入高压泵。再冷凝器主要工艺参数有：冷凝 BOG 所需 LNG 与 BOG 的质量比（$M_{L/B} = m_{LNG}/m_{BOG}$，其中 m_{LNG} 为冷凝 BOG 所需 LNG 质量，m_{BOG} 为 BOG 质量，$M_{L/B}$ 为质量比）；再冷凝器液位 L_T；高压泵吸入口饱和蒸气压差 p_{DIC}。

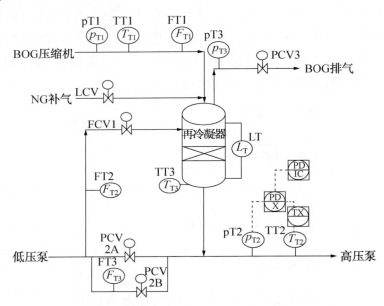

图 1-5-5　大连 LNG 接收站 BOG 再冷凝主要工艺示意图

1. 冷凝 BOG 所需 LNG 与 BOG 的质量比

作为再冷凝器核心工艺参数 $M_{L/B}$ 主要受到 BOG 压缩机出口压力 p_{T1} 和出口温度 T_{T1} 的影响。当 T_{T1} 恒定时，随着 p_{T1} 的增大，BOG 露点温度升高，使 BOG 更容易被液化，从而使质量比 $M_{L/B}$ 降低（变化趋势如图 1-5-6）。根据图 1-5-6 可以看出，当 p_{T1} 增加到 0.7MPa（表）左右时，$M_{L/B}$ 随着 p_{T1} 的增加下降趋于平缓，同时考虑 p_{T1} 增大时，BOG 压缩机的压缩比增大，即压缩机的功耗也增加。综合以上分析，大连 LNG 接收站将 BOG 压缩机的出口操作压力（再冷凝器顶部气相空间压力）设定为 0.7MPa（表）。

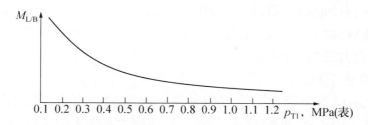

图 1-5-6　质量比随 BOG 压缩机出口压力的变化趋势图

而当 p_{T1} 恒定时，随着 T_{T1} 的升高，$M_{L/B}$ 也会增加。因为当 BOG 温度高时，为降低 BOG 温度所需的 LNG 量就会增加，从而 $M_{L/B}$ 也会增加。表 1-5-1 为大连 LNG 实际运行中 BOG 压缩机入口温度、压力及出口压力恒定时，BOG 压缩机不同负荷对应的出口温度。

表 1-5-1　BOG 压缩机不同负荷对应的 BOG 压缩机出口温度

负荷，%	出口温度，℃	入口温度，℃	入口压力，kPa(表)	出口压力，kPa(表)
50	22.9	-125.2	20.0	698.0
50	23.0	-125.0	20.2	696.0
50	22.5	-124.9	19.9	700.1
75	18.3	-125.0	19.8	705.3
75	17.8	-125.1	20.3	701.2
75	18.4	-125.2	20.1	699.0
100	13.2	-125.3	20.0	700.4
100	13.7	-125.1	20.0	708.2
100	13.3	-124.9	19.7	697.5

从表 1-5-1 可以看出，误差允许范围内 BOG 压缩机入口温度、压力、出口压力及负荷一定时，出口温度也是一定的；当 BOG 压缩机入口温度、压力和出口压力一定时，随着 BOG 压缩机负荷的增加出口温度下降，从而使得 $M_{L/B}$ 减小。

2. 再冷凝器液位

实际运行中，再冷凝器液位是一个至关重要的工艺参数。而影响再冷凝器液位 L_{T1} 的主要因数有 LNG 的密度和再冷凝器底部与顶部的压差。以下为再冷凝器液位的计算公式：

$$L_{T1} = (p_{T2} - p_{T3}) \times 10^6 / (\rho g) + f \qquad (1-5-1)$$

式中　L_{T1}——再冷凝器的液位，m；

　　　p_{T2}——再冷凝器底部压力，MPa(表)；

p_{T3}——再冷凝器顶部压力，MPa（表）；

ρ——LNG 的密度，kg/m^3；

g——重力常数，N/kg；

f——修正系数，m。

由式（1-5-1）可以看出，当差压 $p_{T2}-p_{T3}$ 增大时，再冷凝器的液位 L_{T1} 上升；反之，则下降；当 LNG 的密度增大时，再冷凝器的液位下降；反之，则上升。通过大连 LNG 接收站实际运行来看，将再冷凝器底部压力控制在 0.72MPa（表）方可较好地实现再冷凝器液位的控制在所需的 4m。

3. 高压泵吸入口饱和蒸气压差

高压泵吸入口饱和蒸气压差稳定是高压泵稳定运行的前提。当饱和蒸气压差过低时，高压泵会产生汽蚀，导致高压泵振动而使高压泵跳车。由大连 LNG 接收站实际运行显示，当饱和蒸气压差为 0.09MPa（表）时，高压泵开始振动；当饱和蒸气压差继续减小至 0.05MPa（表）时，高压泵由于振动过大而联锁停车。为了避免高压泵振动，大连 LNG 接收站采取如下措施：当饱和蒸气压差小于或等于 0.1MPa（表）时，降低压缩机负荷来提高饱和蒸气压差。以下为饱和蒸气压差的计算公式：

$$\left. \begin{aligned} T_X &= \frac{(0.003673T^3)+(2.0259T^2)+375.38T+23369}{1000}-0.101325 \\ p_{DIC} &= p_{T2}-T_X \end{aligned} \right\}$$

$$(1-5-2)$$

式中　T——高压泵入口 LNG 的温度（图 1-5-5 中的 T_{T2}），℃；

　　　T_X——T 温度时的饱和蒸气压，MPa（表）；

　　　p_{T2}——再冷凝器底部压力，MPa（表）；

　　　p_{DIC}——高压泵入口饱和蒸气压差，MPa（表）。

由式（1-5-2）可以看出，饱和蒸气压差受高压泵入口 LNG 的温度和再冷凝器底部压力影响。而高压泵入口 LNG 的温度由再冷凝器出口 LNG 温度、流量及再冷凝器旁路 LNG 温度、流量所决定。所以高压泵入口饱和蒸气压差主要受到再冷凝器底部压力，再冷凝器出口 LNG 温度和流量及再冷凝器旁路 LNG 温度和流量的影响。由大连 LNG 接收站实际运行来看，将再冷凝器底部压力控制为 0.72MPa（表），高压泵入口 LNG 温度控制在-135℃时，方可较好地控制其饱和蒸气差压，保证高压泵的安全、稳定和可靠运行。

四、BOG 再冷凝工艺控制系统

BOG 再冷凝工艺控制系统主要根据不同接收站运行的再冷凝器而设置不

同的工艺控制模块，具有代表性的有三种，下面将以大连（A）、广东大鹏（B）和上海（C）LNG接收站所采用的再冷凝器的工艺控制模块进行分析讨论。

1. 控制系统A/B

BOG再冷凝工艺控制系统A/B如图1-5-7所示，控制系统A［大连LNG接收站当前控制系统，再冷凝器的容积为2.8m（内径）×7.5m（高度）］和控制系统B［广东大鹏LNG接收站当前控制系统，再冷凝器的容积为1.9m（内径）×6.41m（高度）。］唯一的区别在于比例计算器参数选择不同。控制系统A将BOG入口温度作为比例运算器FX1的一个计算参数。计算公式为：

$$Q_{LNG} = (-6×10^{-6}T^3 + 6×10^{-4}T^2 + 0.0458T + 10)Q_{BOG}K \qquad (1-5-3)$$

式中　Q_{LNG}——冷凝BOG所需LNG流量，m^3/h；

T——再冷凝器入口BOG温度，℃；

Q_{BOG}——所需冷凝的BOG流量，m^3/h；

K——大于0的常数。

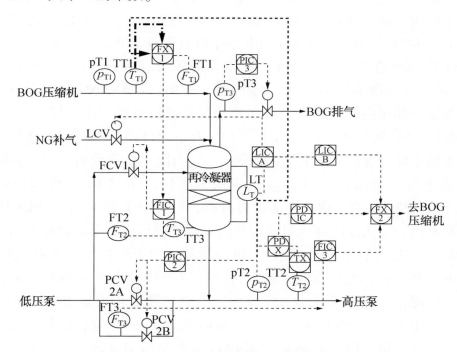

图1-5-7　BOG再冷凝工艺控制系统A/B

通过对式（1-5-3）的分析可知，当-200℃≤T≤200℃时，随着T的增大冷凝相同质量Q_{BOG}所需Q_{LNG}也会增大；反之，减小。而控制系统B是将再冷凝器底部压力p_{T2}作为比例运算器FX1的一个计算参数，计算公式为：

$$Q_{LNG} = 100Q_{BOG}/(pR) \qquad (1-5-4)$$

式中　　Q_{LNG}——冷凝 BOG 所需 LNG 流量，m^3/h；

　　　　Q_{BOG}——所需冷凝的 BOG 流量，m^3/h；

　　　　p——再冷凝器底部压力，kPa（表）；

　　　　R——大于 0 的常数。

　　由式（1-5-4）不难看出，当 p 增大时，冷凝相同 Q_{BOG} 所需的 Q_{LNG} 会减小；反之，则增大。

　　控制制系统 A/B 主要由比例控制，再冷凝器底部与顶部压力控制，再冷凝器的液位、旁路小流量及高压泵吸入口饱和蒸气压差控制构成。

　　1）比例控制

　　控制系统 A 采用将 T_{T1} 作为比例控制计算模块 FX1 的计算参数（控制如图 1-5-7 灰色粗点划线所示）。比例控制通过对 BOG 流量和温度 T_{T1} 的采集，在计算模块 FX1 中计算出所需冷凝 BOG 的 LNG 量，通过 FIC1 控制器调节 FCV1 阀的开度来达到比例控制（调节 LNG 量）的目的。比例控制方式可以较精确地实现对不同温度的 BOG 量所需的 LNG 量的控制。但是，此控制也存在着不足：（1）当再冷凝器底部压力通过 PIC2 控制器调节 PCV2A 和 PCV2B 稳定时，如果出现某一小的扰动，使得再冷凝器顶部压力有所上升（再冷凝器液位下降）时，流入再冷凝器的 BOG 量会有下降，这时，冷凝 LNG 量也会减小，使得再冷凝器顶部压力继续上升，从而再冷凝器液位继续下降；反之，则升高。这也是大连 LNG 接收站实际运行中当 FIC 为串级自动控制时，再冷凝器的液位有时不断下降，有时不断上升的原因。（2）当高压泵启动时，再冷凝器底部压力快速下降，使得再冷凝器液位也快速下降，虽然 PIC2 可以通过加大 PCV2A 和 PCV2B 阀的开度使底部压力升高，但是由于 PCV2A 和 PCV2B 阀及控制上的延迟，无法使底部压力快速升高，而使得再冷凝器液位回升得不到有效的控制；反之，在高压泵停止时，再冷凝器液位上升也得不到有效的控制。（3）当 BOG 压缩机降低负荷时，进入再冷凝器的 BOG 量快速减少，从而导致再冷凝器顶部压力也快速减小，使得再冷凝器的液位较快地上升。虽然 FIC1 控制器会减小 FCV1 的开度来减小冷凝 BOG 所需的 LNG 量，以便增加再冷凝器顶部压力使液位下降，但是从大连 LNG 接收站的实际运行结果看，只通过控制 FCV1 阀并不能较好地使再冷凝器液位下降；反之，当 BOG 压缩机增加负荷时，只通过控制 FCV1 也不能较好地使再冷凝器液位上升。

　　而控制系统 B 则将 p_{T2} 作为比例控制计算模块 FX1 的计算参数（控制如图 1-5-7 灰色细虚线所示）。由式（1-5-4）可以看出，当再冷凝器底部压力降低（再冷凝器液位降低）时，冷凝 BOG 所需的 LNG 量也会增加，顶部压力便会下降，从而使得再冷凝器底部与顶部的压力差增加，同时底部压力通过 PCV2A 和 PCV2B 阀控制也会增加，使得压差更大，从而使再冷凝器液位得到快速回升。反之，当再冷凝器底部压力升高（再冷凝器液位降低）时，使再冷凝器液位得到快速下降。但是它同样存在控制系统 A 比例控制所存在的再冷凝器顶部压力波动和压缩机负荷升降所造成的液位控制不稳定的问题。

2）再冷凝器底部与顶部压力控制

由图 1-5-7 可以看出，控制系统 A/B 所采用的底部与顶部压力控制方式是相同的。底部采用 PIC2 分程控制，通过 PCV2A 和 PCV2B 阀保持再冷凝器底部压力稳定。从而保证高压泵入口压力及再冷凝器液位的稳定。顶部压力则通过高压控制 PIC3 阀进行控制。当再冷凝器顶部压力超过高压设定值时，PIC3 阀将 PCV3 阀开启，来降低再冷凝器顶部的压力。

3）再冷凝器的液位、旁路流量及高压泵吸入口饱和蒸气压差控制

由图 1-5-7 可以看出，再冷凝器的液位主要通过高液位控制器 LICA 和低液位控制器 LICB 进行控制，当再冷凝器液位高于高液位设定点时，开启 LCV 阀通过外输 NG 补气来降低再冷凝器的液位。但是从大连 LNG 接收站实际运行来看，当再冷凝器液位升高至高液位设定值时，只通过开启 LCV 阀是无法将再冷凝器液位降低的；当再冷凝器液位低于低液位设定值时，通过低选器 FX2 来降低 BOG 压缩机的负荷，从而使顶部压力降低，再冷凝器液位回升。当外输较小时，对再冷凝器旁路流量控制是非常必要的，如果流量太小则会导致高压泵吸入口 LNG 温度过高，同时饱和蒸气压差减小使得高压泵运行不稳定。所以由图 1-5-7 可以知道，当再冷凝器旁路流量低于小流量设定值时，通过低选器 FX2 降低压缩机负荷，从而使得进入再冷凝器的 BOG 量减小，需要冷凝 BOG 所需的 LNG 量也减小，再冷凝器旁路 LNG 量相应增加。高压泵吸入口饱和蒸气压差的稳定是高压泵正常运行的前提。当高压泵吸入口饱和蒸气压差低于设定值时，低选器 FX2 降低 BOG 压缩机负荷，使得进入再冷凝器的 BOG 量减小，需要冷凝 BOG 所需的 LNG 量也减小，再冷凝器出口热态 LNG 减小，旁路冷态 LNG 增多，从而高压泵入口 LNG 温度降低，饱和蒸气压差升高。

2. 控制系统 C

BOG 再冷凝工艺控制系统 C 如图 1-5-8 所示，控制系统 C 为上海 LNG 接收站 [再冷凝器容积为 3.2m（内径）×6.6m（高度）+4.0m（内径）×6.4m（高度）] 当前所用的 BOG 再冷凝工艺控制系统。此控制系统主要由再冷凝器顶部压力控制、再冷凝器液位控制和高压泵入口温度控制构成。

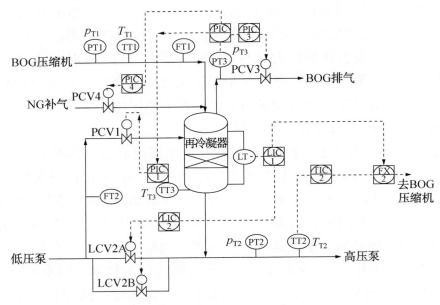

图1-5-8　BOG再冷凝工艺控制系统C

1）再冷凝器顶部压力控制

由图1-5-8可知，PT3检测出再冷凝器顶部压力，然后通过控制器PIC进行控制。正常情况下，通过控制器PIC1控制阀门PCV1的开度来调节冷凝BOG所需的LNG量，从而达到控制再冷凝器顶部压力的目的；当再冷凝器顶部压力超过高压设定点时，PIC3控制器通过开启阀门PCV3将BOG气体排放至BOG管线来降低其压力；当再冷凝器顶部压力低于低压设定点时，PIC4控制器开启PCV4阀，通过外输NG补气来升高再冷凝器顶部压力。因为不管是由于进入再冷凝器BOG压力和温度波动引起的冷凝BOG所需LNG与BOG的质量比变化，还是由于进入再冷凝器BOG流量变化都会在再冷凝器顶部压力得到反应，所以此控制方式能够很好地解决控制系统A/B所存在的再冷凝器顶部压力波动所造成的液位控制不稳定的问题。而压缩机负荷升降时，PIC1会通过调节PCV1的开度来控制再冷凝器顶部压力，同时压力引起液位波动也会通过LIC2分程控制LCV2A和LCV2B来稳定液位。这样通过PIC1和LIC2的同时控制就能较好地稳定再冷凝器的液位。

2）再冷凝器液位控制

由图1-5-8可知，再冷凝器的液位主要采用LIC2对再冷凝器旁路LCV2A和LCV2B进行分程控制。当再冷凝器液位降低时，LIC2开大LCV2A和LCV2B阀门开度，来提高再冷凝器底部压力，从而升高再冷凝器液位；当再冷凝器液位上升时，LIC2减小LCV2A和LCV2B阀门开度，来降低再冷凝器底部压力，从而降低再冷凝器液位。当再冷凝器液位低于低液位设定值时，通过低选器 FX2 降低压缩机的负荷从而增加再冷凝器的液位（前面已对此做过详细分析，在此不再说明）。由上海 LNG 接收站的实际运行情况来看，当高压泵启、停时，虽然再冷凝器底部压力会快速下降，但由于其再冷凝器容积较大（表 1-5-2 列出了大连 LNG 接收站、大鹏 LNG 接收站和上海 LNG 接收站再冷凝器容积参数），并没有导致再冷凝器液位的快速降升，所以单独使用 LIC2 对 LCV2A 和 LCV2B 阀门的分程控制便能保持再冷凝器液位稳定。但对于再冷凝器容积较小的 LNG 接收站而言，高压泵启、停时，单独使用 LIC2 对 LCV2A 和 LCV2B 阀门的分程控制并不能实现对再冷凝器液位的控制。

表 1-5-2　大连 LNG 接收站、大鹏 LNG 接收站和上海 LNG 接收站再冷凝器容积参数

站　　名	再冷凝器参数	
	内径×高度，m×m	容积，m³
大连 LNG 接收站	2.8×7.5	46.158
大鹏 LNG 接收站	1.9×6.4	18.137
上海 LNG 接收站	3.2×6.6+4.0×6.4	133.437

3）高压泵入口温度控制

由图 1-5-8 可知，当高压泵入口 LNG 温度 T_{T2} 高于高温设定值时，通过低选器 FX2 降低 BOG 压缩机的负荷来降低高压泵入口 LNG 温度。这种选择温度作为控制点来降低压缩机的负荷并不是很理想。因为，此处对高压泵运行产生影响的直接因素为高压泵入口饱和蒸气压差，而饱和蒸气压差是由再冷凝器底部压力和高压泵入口 LNG 温度决定的，单独采用温度来控制显得有些片面，当再冷凝器底部压力较高时，即使高压泵入口 LNG 温度超过其设定值，也可能饱和蒸气压差并不低，所以这种情况对高压泵的正常运行并不会产生影响，在这种情况下降低 BOG 压缩机的负荷并不是太合理。

第四节　再冷凝操作控制典型工况

一、BOG 气体不能在再冷凝器内被冷凝

来自压缩机的 BOG 气体不能正常地在再冷凝器内部被 LNG 所冷凝，而是通过高压泵泵井放空线流向泵井，把正在运行的高压泵泵井作为一个小型再冷凝器使用。

　　高压泵运行过程中会产生 BOG 气体，厂商给出的数据是 420kg/h，大约是 627m³/h，即 10.5m³/min，在 700kPa 的压力下，大约 85m³/h 即 1.4m³/min。为了避免憋压造成泵井液位降低而导致停车和设备损坏，设计放空线保证 BOG 气体能转移到再冷凝器内。高压泵的泵井放空线连接到再冷凝器的顶部气相空间，管线高度为 11.5m。

　　正常工况下，再冷凝器 $F_3 = 10$t/h，$F_1 = 70.7$t/h，$F_2 = 71.5$t/h，气相压力 $p_1 = 0.698$MPa（698kPa），液相压力 $p_2 = 0.72$MPa（720kPa），理想的高压泵入口压力 $p_4 = 0.727$MPa（727kPa）（入口管线位置低于再冷凝器出口管线，液位静差 0.007MPa），高压泵入口安装有过滤器，过滤器较密，对流量有一定影响，过滤器前后压差 p_9 为 5kPa 左右，所以高压泵入口压力 $p_4 = 722$kPa。

　　主要原因分析：高压泵入口过滤器堵塞，压差过高，高压泵入口的压力 p_4 就会降低，当 p_4 降低到一定程度，再冷凝器的 BOG 会直接朝着高压泵泵井反向流通。具体数据分析如下：

　　（1）当 $p_9 = 0$kPa 时，$p_1 = 698$kPa，$p_4 = 727$kPa，$p_4 - p_1 = 29$kPa，由于上下压差，放空管线内会有 6.4m 的液位，再冷凝器正常运行。

　　（2）当 $p_9 = 10$kPa 时，$p_1 = 698$kPa，$p_4 = 717$kPa，$p_4 - p_1 = 19$kPa，放空管线内有 4.2m 的液位，再冷凝器依然正常运行。

　　（3）当 $p_9 = 20$kPa 时，$p_1 = 698$kPa，$p_4 = 707$kPa，$p_4 - p_1 = 9$kPa，放空管线内有 2m 的液位，再冷凝器依然能正常运行。

　　（4）当 $p_9 = 29$kPa 时，$p_1 = 698$kPa，$p_4 = 698$kPa，$p_4 - p_1 = 0$kPa，放空管线内没有液位，再冷凝器的气相直接与泵井相连，再冷凝器会出现小幅波动。

　　（5）当 p_9 大于 30kPa 时，气相的压力将会大于泵井处的压力，大量的 BOG 气体会涌入泵井并在泵井内被过冷的 LNG 所冷凝，泵井最上面的温度计从-140℃上升到-120℃，当入口压力 p_4 波动太大时，会造成 BOG 流量突然增大，泵井温度计温度能上升到-45℃。

　　当出现这种情况时，再冷凝器平衡被破坏，上部气体大量减少，导致气相空间压力 p_1 迅速降低，液位会迅速升高，一下能从 3m 窜至 5m 甚至更高。此刻通过入口流量 F_1 来控制液位已经没有什么效果了（F_1 流量应当减小），只能是把底部 PCV 阀暂时先关小，底部 LNG 流量 F_2 降低，让再冷凝器内的 LNG 来补充相应的流量缺口，再冷凝器的液位会下降，最后再稍微调整开大 PCV 阀让此时的液位稳定住。实际工况：稳定住后，再冷凝器气相压力 p_1 为 690kPa，液位稳定在 5m，高压泵入口压力 p_4 为 684kPa，由于 $p_1 - p_4 = 6$kPa，二者的压差还比较小，BOG 流向泵井的流量能维持稳定，再冷凝器的压力和液位也能维持稳定。

这是一种非常危险的平衡状态。因为过滤器压差随时有增大的可能，一旦增大，BOG 流量也会增加，高压泵的泵井空间不足，混合接触不充分，不能冷凝太多的 BOG，会造成液位低低联锁停车，还可能会出现气蚀损坏设备，同时再冷凝器又会再次波动，压力降低液位升高，面临停车的风险。

措施：当再冷凝器控制住之后，立刻准备切换高压泵，只要入口过滤器压差小于 20kPa 就安全了。平时正常运行过程中，当压差高于 20kPa 时就应当引起重视；当压差到 25kPa 了就必须切换高压泵；当压差为 27kPa 时，可以选择手动停止压缩机后再切换高压泵，等压差正常之后再启动压缩机。

二、再冷凝器的隔离以及底部的出口阀是否可以关闭的情况讨论

再冷凝器有 4 个主要接口，顶部与 BOG 入口连接，经过压缩的 BOG 从此进入被冷凝；顶部和高压泵泵井放空线相连，高压泵运行过程中产生的气体从此进入再冷凝器，避免泵井憋压；中部与低压总管连接，过冷的 LNG 进入去冷凝 BOG；底部去低压输出总管相连，作为再冷凝器的出口。

泵井放空线高度为 11.5m，由于再冷凝器气相压力和高压泵入口压力不一致，存在压差，所以泵井放空立管内有一定的液位。正常状态下，有 6m 的液位。当出现特殊情况时，液位的高度会有所变化，液位变低的情况上面已经讨论了，现在讨论液位升高的情况。

当 BOG 压缩机全部停止时，再冷凝器顶部气相瞬间减少，气相压力降低，再冷凝器液位会迅速上涨，我们尝试过关闭 XV_1300602 阀门，看是否能解决问题，事实证明不能关闭，下面分析原因。

BOG 压缩机全部停止后，再冷凝器顶部没有 BOG 过来，压力降低（从 0.72MPa 下降至 0.65MPa）液位迅速上涨（从 3.5m 上涨至 5m），此时立刻关闭入口 FCV_1300601，同时加大底部 PCV_1300602 的开度，保证物料平衡以及避免高压泵入口的压力再度降低。在这种情况下，再冷凝器的液位会一直保持较高的位置，为 5m 甚至更高。若想降低液位，只能关小 PCV 的开度，但是同时压力又会降低，这使操作人员陷入两难的境地，由于液位受底部压力影响较大，所以我们尝试关闭 XV_1300602 阀门，隔断再冷凝器与低压总管的联系，看是否能解决问题。

XV 阀门关闭后，液位暂时不再受底部低压总管压力的影响。再冷凝器气

相压力会降低，因为气相与液相有表面接触，有少量的气体被冷凝下来，压力降低的速率很慢。p_1 和 p_4 相差不大。

当低压总管压力有波动时，p_4 压力上升，p_4 减去 p_1 的压差会越来越大，那么立管的液位就会越来越高。

正常时：$p_4-p_1=29$kPa，立管液位为 6.7m；过程中：$p_4-p_1=45$kPa，立管液位为 10.4m；临界点：$p_4-p_1=50$kPa，立管液位为 11.5m；非正常时：$p_4-p_1=60$kPa，立管理论液位为 13.8m（注：液位高度按照 0.23m/kPa 计算）。

当压力差超过临界点时，高压泵泵井内的 LNG 就顺着放空立管进入到再冷凝器。过冷的 LNG 从再冷凝器顶部喷洒下来，和 BOG 充分接触，把 BOG 迅速冷凝下来，气相压力迅速降低，压力降低越快，p_4 和 p_1 的压差就越大，LNG 进入的速度也越快。气相压力降低速度与 LNG 进入速度二者互相促进，很快将再冷凝器填满，液位达到 7.5m 以上，超量程了。

关键的参数点：

（1）液位，2.45m→7.5m（6min）；

（2）气相压力，0.6MPa→0.35MPa（6min）；

（3）低压总管压力，0.63MPa→0.41MPa（6min）；

（4）计算流量值，$F=130$t/h（通过液位计算出体积，再折算成质量）。

造成的非常严重的影响：

（1）液位超量程了，LNG 达到最顶部，最严重的后果，LNG 会沿着 BOG 消失的方向继续前进，即 LNG 会进入 BOG 管线，LNG 一直能到达 BOG 压缩机出口 XV 处。管线迅速冷却，可能出现泄漏情况。

（2）LNG 流量突增 130t/h，低压泵出口流量也突增，流量从 180t/h 增加到 290t/h，长期这么高流量运转会损坏泵。当时启动了第二台低压泵来保护泵。

（3）低压输出总管的压力迅速下降，因为突然增加了 130t/h 的 LNG 流量。压力降低会影响高压泵的运转，正常情况下，压力 0.5MPa 是低报警，而此时压力是 0.4MPa。

措施：

（1）正常停止压缩机之后，禁止关闭 XV_1300602，液位若有上升，通过外输补气线来进行控制，液位升高后打开补气线，当液位降低后关闭补气线。

（2）若需要对再冷凝器隔离，那必须将放空线总阀门关闭，把高压泵泵井放空线连接到再冷凝器旁边的竖管，竖管将作为再冷凝器的替代品，接收释放掉泵井放空气体。

第五节　LNG 接收站 BOG 产生控制优化

一、码头保冷管线运行优化

大连 LNG 接收站的码头冷循环流程(图 1-5-9)是通过低压泵将 LNG 输送至低压输送总管，然后经码头循环管线进入卸料总管，最后由进料竖管直接进入储罐。最初的码头循环量设计为 40t/h，而根据实际的运行经验，25t/h 的码头循环量可以保证卸料总管处于冷态。但是如果这 25t/h 的循环量经过与环境换热后直接进入储罐，其温度可升高 2℃左右，这虽然对储罐整体熵变影响不大，但可产生大量的 BOG 气体。如果修改运行方案，将码头循环量部分引入再冷凝器，仅保持小流量循环进入储罐从而保持储罐竖管冷态，这对 BOG 量的控制具有重要的意义。

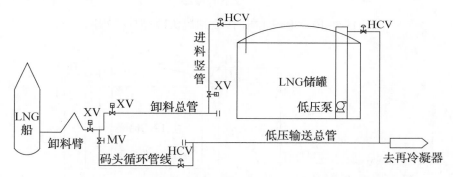

图 1-5-9　大连 LNG 接收站码头冷循环流程图

大连 LNG 接收站在最初设计时将部分码头循环量由卸料总管的中段引入至低压输送总管至再冷凝器管线上，后因控制技术难度大而取消。上海 LNG 接收站(图 1-5-10)则采用类似的设计方式，从低压输送总管末端引入 LNG 进入卸料总管，一路经储罐竖管进入储罐，一路经过卸料总管进入码头循环管线，并直接进入再冷凝器。经过实际运行验证，证明完全可以实现平稳安全的控制，并且减少了回流至储罐的 LNG，对 BOG 产生量的控制起到了很好的帮助。

大连 LNG 接收站根据自身站场的设计布局，照搬上海 LNG 接收站设计模式不仅造成管线浪费，而且对低压输送总管末端和卸料总管末端的冷态保持作用将削弱。大连 LNG 接收站可根据自身的站场特点无需对设计进行完全修改，可以仅仅在卸料总管末端引出一条管线(图 1-5-11)，直接将大部分码头循环量引至再冷凝器，并通过流量控制阀控制进入再冷凝器的 LNG 循环量，这不仅可以防止低压输送总管和卸料总管末端死角产生 BOG，而且能够使码头循环量的大部分进入再冷凝器，减小因返回储罐产生 BOG，同时节约低压泵运行成本。

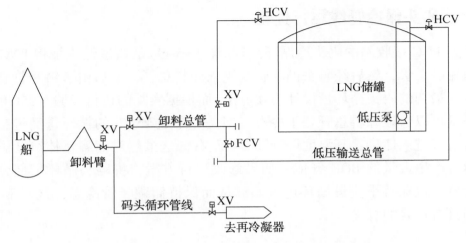

图 1-5-10　上海 LNG 接收站码头冷循环流程图

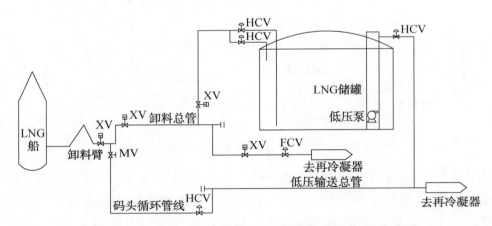

图 1-5-11　大连 LNG 接收站码头冷循环优化后流程图

二、设备布局优化

大连 LNG 接收站低压输送总管末端和高压输送总管的设备布局如图 1-5-12所示，高压泵 A、高压泵 B、高压泵 C 和高压泵 D 为一期设计，高压泵 E 和高压泵 F 为二期设计，目前仅设置预留口。大连 LNG 接收站气化器由开架式气化器（ORV）和浸没燃烧式气化器（SCV）构成，SCV 设计布局在高压输送总管末端，ORV 设计布局在靠近高压泵的位置。

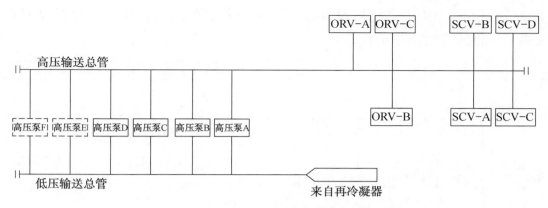

图 1-5-12 大连 LNG 接收站设备布局图

LNG 接收站在小流量外输时仅开启一台高压泵运行，最初的运行思路是以高压泵 A 为主泵运行。但经过一段时间的运行发现，如果高压泵 A 运行，高压泵 B、高压泵 C 和高压泵 D 的泵罐温度维持在−135℃左右，而当运行高压泵 D 时，高压泵 A、高压泵 B 和高压泵 C 的泵罐温度基本维持在−150℃左右。不同温度的 LNG 进入储罐后所产生的 BOG 量也不同，因此，在接收站正常生产运行时，应当优先运行靠近低压输送总管末端的高压泵。此种运行方式可防止低压输送总管末端因与环境换热造成 BOG 产生，而且还能保证其他备用高压泵冷循环 LNG 处于较低的温度，最终高压泵保冷循环的 LNG 排往储罐后产生较少的 BOG。此外，高压泵 E 和高压泵 F 为二期设计，如果考虑到更好的控制 BOG 的产生量，应该将二期的两台高压预留口设置在远离低压输送总管末端的位置，这样可以减少低压输送总管末端的冷损耗，从而降低 BOG 的产生量。

大连 LNG 接收站使用的 ORV 气化器主要采用海水作为热媒将 LNG 气化，按照厂商要求，海水温度低于 5.5℃时不建议采用 ORV 气化器。大连地区海域仅在冬季时海水温度低于 5.5℃，因此，一般仅在冬季运行 SCV 气化器。但是目前大连 LNG 接收站气化器的布局形式并未考虑 ORV 气化器入口至高压输送总管末端这段管线的冷损耗，如果 SCV 停止运行后，为了保持 ORV 气化器入口至高压输送总管末端这段管线保持在低温状态，就需要持续的 LNG 循环量经高压输送总管末端排往储罐，这将产生大量的 BOG 气体。因此，在设计气化器布局时应当充分运行过程中的经济性。

通过分析高压泵和气化器的布局对低压输送总管和高压输送总管末端的保冷的影响，以及高压泵运行方案对流经其他备用高压泵泵罐的 LNG 温度的影响，建议在今后 LNG 接收站设计时采用如图 1-5-13 的设备布局。预留的高压泵 E 和高压泵 F 远离低压输送总管末端，靠近低压输送总管末端的高压泵作为主泵进行运行。ORV 气化器设置在高压输送总管的末端，SCV 气化器设置在远离高压输送总管末端的位置。

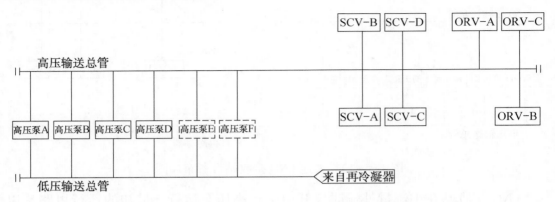

图 1-5-13　大连 LNG 接收站设备布局优化图

第六章 气化外输

LNG 接收站根据自身的特点所选用的气化器类型不同，大连 LNG 接收站是目前中国唯——个在北方建设的 LNG 接收站，其气化器的运行受到天气的影响较大，如何更好地利用气化器和如何优化气化器对实现节能降耗具有重要的现实意义。同时 LNG 接收站作为补充气源，其调峰功能要求 LNG 接收站在用气低峰时尽量降低外输量，但是由于需要回收处理生产过程中产生的 BOG 气体，因此最低外输有一定的限制，在实际操作过程中研究接收站最低负荷运转对接收站的平稳运行具有重要的意义。

第一节　ORV 与 SCV 运行能耗对比分析

一、大连 LNG 接收站气化器的类型

1. 开架式气化器(ORV)

开架式气化器(以下简称 ORV)是一种利用水作为加热源的热交换器。目前，世界上大部分 LNG 接收站都建在沿海或离海较近的沙滩，这样便于大型船舶停靠。充足的海水为开架式气化器最常用的热源，与淡水资源相比，其低成本、资源充足更具有优越性。考虑到 LNG 将直接通过汽化器，所以气化器的换热管束必须是耐低温材料，通常采用铝合金制造。由于换热管束外壁直接与海水接触，其外壁应做防腐处理。ORV 的机械制造简单，主要外部接口有 LNG 入口、气化后的 NG 出口以及海水出入口，换热管安装在箱体内。气化器悬挂在支架上，便于检修。

由于 ORV 没有移动部件，使用仪表元件也很少，设备的开关可以远程控制，因此维护保养很容易，改变其气化器的运行负荷也很简单，只要改变流向喷淋系统的海水量和流经管道的 LNG 量即可。

开机时气化器具有很高的安全性。由于该系统没有明火，含烃管道的少量泄漏可以挥发到大气中。

2. 浸没燃烧式气化器(SCV)

浸没燃烧式气化器(以下简称SCV)由4部分组成,即水箱、加热盘管、气体燃烧室以及其他附件。加热盘管浸没在水箱中,LNG流经不锈钢盘管,通过管壁与水进行换热,燃料气在燃烧室内燃烧,水箱中的水直接与热气流接触而被加热。

SCV的设计紧凑,安装时不需要占用大量的空间。由于水箱保持稳定的温度,系统可以很好地适应由负载波动产生的水流变化,而且也能实现系统的快速启动。由于SCV配置有大量的设备部件和移动部件,与ORV相比,控制和维护保养要困难得多。

由于水温保持在泄漏的气体的燃点之下,即便是有泄漏气体也会被水流带走,无爆炸危险,因此SCV是安全可靠的。

二、大连LNG接收站气化器规格以及技术参数

1. 开架式气化器(ORV)的规格以及技术参数

1) ORV的设计规格

ORV的设计规格参数表见表1-6-1。

表1-6-1　ORV的设计规格参数表

描　　述			单　　位
每台设备的部件数,个			3
每部件控制盘数,个			6
每控制盘管道数,根			77
热交换器	输热管尺寸	类型	超高压用大型12-细料星形翅片管
		长度,m	6
		间距,m	70.2
	输热管的材料		5052铝
	总管尺寸,in	入口	5
		出口	5
	输热管的材料		5083铝
	集管尺寸,in	入口	10
		出口	10

2) ORV厂商提供的海水温度与外输能力

ORV对应海水温度与外输能力参数表见表1-6-2。

表 1-6-2 ORV 对应海水温度与外输能力参数表

海水温度,℃	外输能力,t/h
5.5	200
5.0	185
4.5	170
4.0	155
3.5	140
3.0	125

注:海水流量固定为9180t/h。

3)海水泵的技术规格

海水泵技术参数表见表 1-6-3。

表 1-6-3 海水泵技术参数表

描　　述	单　　位	范　　围
流量	m³/h	9180
压头	m	32
电机额定功率	kW	1100
电源	V	6000(50Hz/3PH)

2. 浸没燃烧式气化器(SCV)的规格以及技术参数

1)SCV 的设计规格

SCV 的设计规格参数见表 1-6-4。

表 1-6-4 SCV 的设计规格参数表

描　　述		单位	范　　围
气化器工艺规格	设计 LNG 流速	t/h	202
	LNG 进气压力	MPa(表)	10.36
	容许压降(88barGLNG 时)	MPa(表)	<0.2
	LNG 进气/排气温度	℃	−158~−155/+1
	设计燃料消耗量	kg/h	2446~2493
	设计水浴温度	℃	33
	最大/最小水浴温度	℃	55/5

描　述		单位	范　围
烟气分析 设计负荷下的预期 烟气消耗量(摩尔百 分比,基于3%的干 燥氧气)	氮气(N_2)		81.8~81.6
	二氧化碳(CO_2)		9.0~9.3
	氧气(O_2)		3.6~3.6
	水蒸气(H_2O)		饱和
	一氧化碳(CO)	mg/L	<80
	氮氧化物(NO_x)	mg/L	<45
所需的供水设施	溢流水流速	kg/h	4000~4247
	最大/最小溢流水 pH 值		9.0/6.0
	初次填充/NO_x抑制量	mg/L	用含量<50的氯化物脱盐水
	供应压力	MPa(表)	0.4
所需的燃气设施	界区处最小/最大压力	MPa(表)	0.35/0.7
	界区处温度	℃	4
	供应压力	MPa(表)	<0.7
所需的电力设施	助燃风机	kW	500(6000V/3PH/50Hz)
	冷却水泵	kW	5.5(380V/3PH/50Hz)
	水浴加热器	kW	10(380V/3PH/50Hz)
所需的仪表空气设施	最大流速	m^3/h	40
	供应压力(正常)	MPa(表)	0.6

2) 燃料气电加热器的设计规格

燃料气电加热器的设计规格参数见表1-6-5。

表 1-6-5　燃料气电加热器的设计规格参数表

描　述	单　位	范　围
容量	t/h	9.0
工作压力	MPa(表)	0.7
设计压力	MPa(表)	0.8
工作温度	℃	−64.6/+4(输入/输出)
控制温度	℃	4
设计温度	℃	−70/+60
功率	kW	475

3. 大连新港海水温度

表1-6-6为大连新港海水温度表。

表1-6-6　大连新港海水温度表

月　　份	1	2	3	4	5	6
温度,℃	3.5	1.3	2.8	6.0	11.5	16.9
月　　份	7	8	9	10	11	12
温度,℃	20.8	22.2	21.8	17.0	12.3	7.6

三、大连 LNG 接收站 ORV 与 SCV 运行能耗对比分析

1. ORV 的能耗分析

由上述 ORV 的参数以及大连 LNG 接收站实际运行情况可以知道，ORV 在运行的时候所消耗的能量全部来自于海水泵的电动机。因此，可以得知：

$$E_{ORV} = E_{海水泵电动机}$$

$$E_{海水泵电动机} = P_{海水泵电动机} \cdot t$$

式中　E_{ORV} 和 $E_{海水泵电动机}$——分别为 ORV 和海水泵电动机电能，kW·h；

$P_{海水泵电动机}$——海水泵电动机功率，kW；

t——时间，h。

由以上计算可以得出在使用 ORV 时在不同的海水温度条件下，最大外输条件下，每气化 1tLNG 每小时所要消耗的能量，见表1-6-7。

表1-6-7　ORV 随海水温度变化的单位能耗

海水温度,℃	外输能力,t/h	消耗能量,kW·h
5.5	200	5.50
5.0	185	5.95
4.5	170	6.47
4.0	155	7.10
3.5	140	7.86
3.0	125	8.80

图1-6-1所示为 ORV 能耗曲线图。

由图1-6-1可以看出，在最大外输条件下，在消耗相同海水量的前提下，每气化 1t LNG 所要消耗的能量是与海水温度成反比的。因此，可以得出，在不损伤 ORV 换热片的前提下，最大外输时，海水温度越低，气化 LNG 所消耗的能量就要越高。

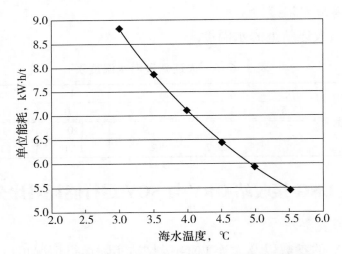

图 1-6-1   ORV 随海水温度变化的单位能耗图

当外输量没有达到最大时，只要启动一台 ORV 就要启动一台海水泵。因此，当外输量没有达到最大时，每气化 1t LNG 每小时所要消耗的能量为：

$$E_{ORV} = E_{海水泵电动机} / M_{外输}$$

$$E_{海水泵电动机} = 1100 \text{kW} \cdot \text{h}$$

式中 $M_{外输}$——外输量，t。

由以上计算可以得出当外输量小于等于最大外输量时，ORV 的能耗曲线如图 1-6-2 所示。

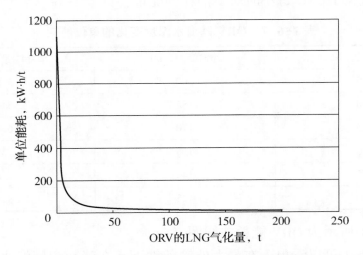

图 1-6-2   ORV 随处理量变化的单位能耗图

由图 1-6-2 可以得知，当外输量越小时，气化 1t LNG 每小时所要消耗的能量越多。

2. SCV 的能耗分析

由上述 SCV 的参数以及大连 LNG 接收站实际运行情况可以知道，SCV 在运行的时候所消耗的能量包括：燃料气电加热器、助燃风机、冷却水泵、水浴加热器以及燃料气消耗的能量。因此，可以得出：

$$E_{SCV} = E_{燃料气电加热器} + E_{助燃风机} + E_{冷却水泵} + E_{水浴加热器} + E_{燃料气}$$

$$E_{燃料气电加热器} = P_{燃料气电加热器} t$$

$$E_{助燃风机} = P_{助燃风机} t$$

$$E_{冷却水泵} = P_{冷却水泵} t$$

$$E_{水浴加热器} = P_{水浴加热器} t$$

由以上计算可以得出在使用 SCV 时每气化 1t LNG，燃料气电加热器、助燃风机、冷却水泵和水浴加热器每小时所要消耗的能量为：

$$E_{燃料气电加热器} = 2.35 kW \cdot h$$

$$E_{助燃风机} = 2.48 kW \cdot h$$

$$E_{冷却水泵} = 0.03 kW \cdot h$$

$$E_{水浴加热器} = 0.05 kW \cdot h$$

在使用 SCV 时，燃料气同时被消耗。然而燃料气的能量消耗与之前计算的燃料气电加热器、助燃风机、冷却水泵和水浴加热器的能量消耗存在非等价关系，因此，不能简单地将燃料气的能量消耗计算进 SCV 的总能量消耗。所以，现将燃料气的消耗转化为资金的消耗，再将资金的消耗转化为电能的消耗，这样就可以实现 SCV 与 ORV 等价的能耗对比分析。

因此，可以得出：

$$E_{燃料气} = Q_{燃料气} t W_{LNG} / (W_{电价} \cdot 202)$$

$$Q_{燃料气} 取平均值 2469.5 kg/h$$

$$W_{LNG} = 3.99 元/kg$$

$$W_{电价} = 0.5 元/(kW \cdot h)$$

由以上计算可以得出在使用 SCV 时每气化 1t LNG 燃料气所要的消耗：

$$E_{燃料气} = 97.56 kW \cdot h,$$

因此，可以得出：

$$E_{SCV} = 102.47 kW \cdot h$$

由以上计算可以得出 SCV 能耗曲线如图 1-6-3 所示。

由图 1-6-3 可以得知，SCV 气化 LNG 时的能耗是与气化量无关的。

3. ORV 与 SCV 的能耗对比

由 ORV 能耗计算可以得知 ORV 的能耗是与气化量成反比的，而由 SCV 能耗计算可以得知 SCV 的能耗是与气化量无关的。因此，将 ORV 能耗曲线与 SCV 能耗曲线进行拟合，可以得到图 1-6-4 所示 ORV 和 SCV 单位能耗对比图。

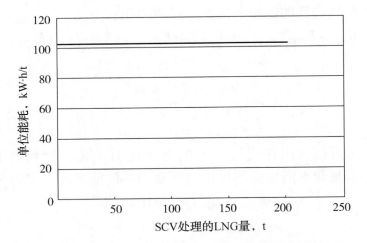

图 1-6-3　SCV 随处理量变化时的单位能耗图

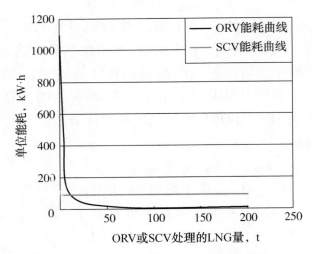

图 1-6-4　ORV 和 SCV 单位能耗对比图

由拟合曲线可以看出：

当 $M_{外输}$ = 10.73t 时，ORV 与 SCV 气化 1t LNG 每小时所要消耗的能量是相等的；

当 $M_{外输}$ > 10.73t 时，ORV 气化 1t LNG 每小时所要消耗的能量要小于 SCV 气化 1t LNG 每小时所要消耗的能量；

当 $M_{外输}$ < 10.73t 时，ORV 气化 1t LNG 每小时所要消耗的能量要大于 SCV 气化 1t LNG 每小时所要消耗的能量。

结合大连新港海水温度表，大连 LNG 接收站全年海水最低温度出现在 2 月，最低温度为 1.3℃，而 ORV 的 NG 出口温度最低为 0℃（低于 0℃ ORV 出口会报警），且海水出口温度与 NG 出口温度基本相同。现假设 ORV 换热片在 0~1.3℃时不会损坏，可以得出：

海水在从 1.3℃降至 0℃时，1h 所释放出的热量为：

$$Q_{海水} = c_{海水} M_{海水}(T_{1.3} - T_0)$$
$$c_{海水} = 4200kJ/(kg \cdot ℃)$$
$$M_{海水} = 9180t$$

由以上计算可以得出：

$$Q_{海水} = 5.01 \times 1010kJ$$

在理想情况下，海水所释放出来的热量完全被 LNG 所吸收使之气化，则可以气化的 LNG 总量为：

$$Q_{LNG} = c_{LNG} M_{LNG}(T_0 - T_{-150})$$
$$Q_{LNG} = Q_{海水} = 5.01 \times 1010kJ$$
$$c_{LNG} = 830kJ/(kg \cdot ℃)$$

由以上计算可以得出：

$$M_{LNG} = 40.26t$$

以上式中 $Q_{海水}$——海水提供的能量，kJ；

$c_{海水}$——海水比热容，取 $4200kJ/(kg \cdot ℃)$；

$M_{海水}$——海水量；

$T_{1.3}$——海水温度 1.3℃；

T_0——海水温度 0℃；

Q_{LNG}——气化 LNG 所需的能力，kJ；

c_{LNG}——LNG 平均比热容，取 $830kJ/(kg \cdot ℃)$；

M_{LNG}——LNG 量，kg；

T_{-150}——温度 150℃。

因此，可以得出在最低温度条件的理想情况下，ORV 的气化能力为 40.26t，大于 ORV 与 SCV 能量平衡点 $M_{外输} = 10.73t$。即，在大连 LNG 接收站中，即使处于全年最低温度，ORV 与 SCV 能量平衡点依然存在。

四、结论

由以上计算可以知道，在大连 LNG 接收站中，全年任意时间内，在理想状态下，总是存在一个 ORV 与 SCV 的能量平衡点，$M_{外输} = 10.73t$，即：

当 $M_{外输}$ = 10.73t 时，ORV 与 SCV 气化 1t LNG 每小时所要消耗的能量是相等的；

当 $M_{外输}$ > 10.73t 时，ORV 气化 1t LNG 每小时所要消耗的能量要小于 SCV 气化 1t LNG 每小时所要消耗的能量；

当 $M_{外输}$ < 10.73t 时，ORV 气化 1t LNG 每小时所要消耗的能量要大于 SCV 气化 1t LNG 每小时所要消耗的能量。

第二节　冬季运行 ORV 的可行性分析

一、模型建立

性能曲线满足的设计要求：进入 ORV 的 LNG 温度应高于−170℃，气化后 NG 温度高于0℃，曲线结合 ORV 的机械限制，通过查图可以得到当前运行条件下设备的最大操作负载。模型的建立基于 ORV 厂商提供的性能曲线，由曲线抽取关键点数据，通过一系列数据拟合函数而成。自变量为影响最大操作负载的三个主要因素：海水流量、海水温度和操作压力，因变量为该条件下 ORV 的最大操作负载。用户只需输入三个自变量值，考虑 ORV 的机械限制，便可由函数计算出该条件下的最大操作负载值，正确调节运行中 ORV 的 LNG 流量。

假设海水流量为常量，其值为设计点 9180t/h，由性能曲线抽取其最大操作负载，得到充分考虑 ORV 机械限制影响，不同操作压力及海水温度下所对应的 ORV 最大操作负载曲线（图 1-6-5）。

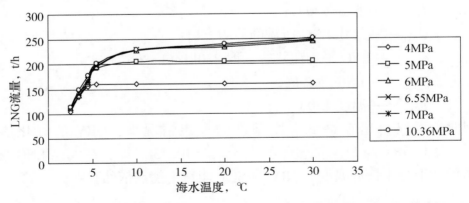

图 1-6-5　不同操作压力及海水温度所对应的 ORV 最大操作负载曲线

设自变量 x 为海水温度，y 为操作压力，因变量 $f(x, y)$ 为不同海水温度和操作压力下所对应的 ORV 最大操作负载值。当 y = 10.36MPa，海水温度由

2.5℃变化至30℃时，利用已知数据点进行函数的多项式拟合（图1-6-6），函数 $f(x)$ 为4次多项式，拟合函数包含7个数据点，相关系数 0.9995>0.99。根据海水温度与最大操作负载的关系可知，该函数关系在整个区间内单调递增，然而拟合函数并不是在所有区间内均是单调增函数，在部分区间表现为减函数，与实际情况不符。因此，采取分段拟合方法，以 $x=10$ 为分界线分别进行函数拟合，采用非线性曲线拟合、综合优化分析计算软件平台 1stOpt 通用全局优化法（Universal Global Optimization，UGO）进行迭代计算。

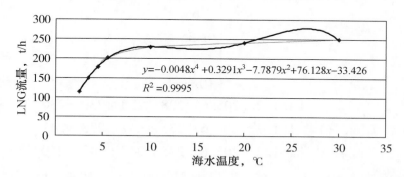

图1-6-6　操作压力为10.36MPa时操作负载随海水温度变化数据点拟合曲线

1. 第一阶段数据拟合

x 为 5×1 矩阵，y 为 1×6 矩阵，$f_1(x, y)$ 为 5×6 矩阵，即：

$$x = \begin{bmatrix} 2.5 & 3.5 & 4.5 & 5.5 & 10 \end{bmatrix}$$

$$y = \begin{bmatrix} 4 \\ 5 \\ 6 \\ 6.55 \\ 7 \\ 10.36 \end{bmatrix}$$

$$f_1(x, y) = \begin{bmatrix} 105 & 111 & 112 & 112 & 113 & 114 \\ 134 & 136 & 138 & 142 & 142 & 150 \\ 155 & 160 & 165 & 170 & 165 & 178 \\ 161.2 & 192 & 195 & 198 & 201 & 202 \\ 161.2 & 205.6 & 228 & 230 & 230 & 230 \end{bmatrix}$$

拟合函数为：

$$f_1(x, y) = a + bx + cy + dx^2 + ey^2 + gx^3 + hy^3 + kxy + lx^2y + mxy^2 \qquad (1-6-1)$$

式中：$2.5 \leqslant x \leqslant 10$；$4 \leqslant y \leqslant 10.36$；$a = -7.514$；$b = -19.811$；$c = 48.675$；

$d = 3.419$；$e = -9.755$；$g = -0.331$；$h = 0.539$；$k = 9.910$；$l = -0.049$；$m = -0.566$。

2. 第二阶段数据拟合

x 为 3×1 矩阵，y 为 1×6 矩阵，$f_1(x, y)$ 为 3×6 矩阵，即：

$$x = \begin{bmatrix} 10 & 20 & 30 \end{bmatrix}$$

$$y = \begin{bmatrix} 4 \\ 5 \\ 6 \\ 6.55 \\ 7 \\ 10.36 \end{bmatrix}$$

$$f_2(x, y) = \begin{bmatrix} 161.2 & 205.6 & 228 & 230 & 230 & 230 \\ 161.2 & 205.6 & 235 & 237 & 238 & 241 \\ 161.2 & 205.6 & 245 & 247 & 248 & 250 \end{bmatrix}$$

拟合函数为：

$$f_2(x, y) = a' + (b' + c'x^2 + d'xy) \Big/ \big[1 + \exp(e'y + g'y^2 + h'xy) \big] \qquad (1\text{-}6\text{-}2)$$

式中：$10 \leqslant x \leqslant 30$；$4 \leqslant y \leqslant 10.36$；$a' = 153.330$；$b' = 71.437$；$c' = 0.014$；$d' = 0.051$；$e' = 3.138$；$g' = -0.670$；$h' = 0.005$。

将各项参数代入式（1-6-1）和式（1-6-2）后，可以得出 $f(x, y)$ 与海水温度和操作压力之间的函数关系式：

$$f(x, y) = \begin{cases} f_1(x, y) & (2.5 \leqslant x < 10, \ 4 \leqslant y < 10.36) \\ f_2(x, y) & (10 \leqslant x \leqslant 30, \ 4 \leqslant y < 10.36) \end{cases} \qquad (1\text{-}6\text{-}3)$$

设 z 为海水流量，$F(x, y, z)$ 为 ORV 的最大操作负载，可以得到：

$$F(x, y, z) = f(x, y)z/9180 \qquad (1\text{-}6\text{-}4)$$

将式（1-6-1）、式（1-6-2）和式（1-6-3）代入式（1-6-4），可以得到：

$$F(x, y, z) = \begin{cases} \begin{aligned} &(-7.514 - 19.811x + 48.675y + 3.419x^2 - 9.755y^2 - 0.331x^3 + 0.539y^3 + \\ &9.91xy + -0.049x^2y - 0.566xy^2) \cdot z/9180 \\ &\qquad (2.5 \leqslant x < 10, \ 4 \leqslant y < 10.36, \ 5510 < z \leqslant 9180) \\ &\{153.33 + (71.437 + 0.014x^2 + 0.051xy) \big/ \big[1 + \exp(3.138y - 0.67y^2 + \\ &0.005xy) \big] \} \cdot z/9180 \\ &\qquad (10 \leqslant x < 30, \ 4 \leqslant y < 10.36, \ 5510 < z \leqslant 9180) \end{aligned} \end{cases}$$

$$(1\text{-}6\text{-}5)$$

式(1-6-5)即为 ORV 最大操作负载与海水温度、操作压力和海水流量之间的函数关系式。利用该式进行计算时，应注意各参数的定义域区间，另外，海水温度和操作压力涵盖范围较广，海水流量以设计点 9180t/h 为基准，因此，当海水流量大于设计点时，应按 9180t/h 计算。此外，若海水流量增大，则海水泵压力会降低，海水流量也会受到一定影响。

二、误差分析

当海水流量为设计值 9180t/h 时，利用分段函数模型对图 1-6-5 所对应的数据进行重新计算，并对分段函数进行误差分析(表 1-6-8 和表 1-6-9)。第一阶段函数：当海水温度为 5.5℃，压力为 5.0MPa 时，最大负误差为-6.1t/h；压力为 4.0MPa 时，最大正误差为 6.0t/h，其他点误差较小。第二阶段函数：最大正误差为 3.2t/h，最大负误差-0.6t/h，其他点误差较小。第一阶段函数相关系数 $R^2=0.9923$，第二阶段函数相关系数 $R^2=0.9996$，说明拟合分段函数能够较好地解释、涵盖实测数据，具有一定普遍性，可以作为标准曲线对其他数据点进行计算。

表 1-6-8 利用分段函数模型计算的 ORV 最大操作负载数据

操作压力 MPa	最大操作负载，t/h						
	2.5℃	3.5℃	4.5℃	5.5℃	10℃	20℃	30℃
4.0	107.5	128.6	149.1	167.2	162.0	161.2	160.6
5.0	112.9	138.5	163.5	185.9	205.5	205.6	206.2
6.0	112.2	141.2	169.5	195.1	228.7	235.7	245.4
6.55	110.4	140.7	170.3	197.2	229.5	237.0	247.3
7.0	108.6	139.8	170.2	197.8	229.7	237.5	248.1
10.36	117.0	147.5	176.9	203.1	231.5	240.9	253.2

表 1-6-9 分段函数误差分析

误差分析参数	第一阶段拟合函数	第二阶段拟合函数
优化算法	通用全局优化法(UG01)	通用全局优化法(UG01)
均方差(RMSE)	3.4107	0.6291
相关系数(R)	0.9961	0.9998
相关系数平方和(R^2)	0.9923	0.9996
决定系数	0.9923	0.9996

根据换热原理，只要运行负荷足够小，冷源出口的温度可以无限制地接近热源的温度，这也说明只要海水温度高于1℃，ORV只要满足其他运行条件，就可以在低负荷下运行，因此根据此理论，下面将通过对厂商给出的ORV在不同压力和温度的最大负荷测试数据的分析和ORV在海水温度较低的情况下的运行试验来说明北方冬季运行ORV的可行性，并通过对比SCV，得出冬季运行ORV的节能数据和曲线。

三、试验

根据ORV运行过程中的要求，其NG出口温度不能低于1℃，为了保证ORV运行和外输管网的绝对安全性，在试验过程中要求海水排出口温度不能低于1℃，而且ORV面板结冰高度不能高于1m。同时为了试验的可控性和有效性，针对ORV在临界负载条件下测试1h，每6min记录1组数据。结合厂商给出的数据，首先针对海水温度在2.5℃时进行最大负载测试，在测试过程中逐步提高ORV的LNG流量，现场观察面板结冰高度和NG出口温度变化情况，并注意观察海水排出口温度，当LNG流量达到86t/h时，面板结冰高度接近1m，停止增加LNG流量，开始最大负荷测试，具体数据见表1-6-10，从表中可以看出，当海水温度在2.5℃左右，ORV的最大负载为86t/h，此时NG的出口温度维持在2℃左右，海水的排出温度在1.3℃左右，满足安全运行条件。ORV此时的运行压力为4.7MPa，对比于厂商给出的最大操作负荷数据，试验数据要小于厂商给出的数据，造成此种现象的原因主要是由于我们在测试过程中要求的临界条件更加苛刻，同时厂商测试所用的物料较试验所用物料重，所以造成试验数据偏小，但考虑到冬季运行ORV仍处于试验阶段，还没有任何学者给出直接的试验理论数据，因此保证ORV运行的绝对安全是必要的。

表1-6-10　海水温度为2.5℃时的测试数据

LNG流量，t/h	海水温度，℃	出口温度，℃	海水排出口温度，℃
86.89	2.56	2.02	1.3
86.59	2.56	2.03	1.29
86.64	2.58	2.01	1.3
86.7	2.59	2.05	1.32
86.67	2.58	2.02	1.3
86.69	2.56	2.01	1.3

续表

LNG 流量，t/h	海水温度，℃	出口温度，℃	海水排出口温度，℃
86.7	2.55	2.03	1.27
86.66	2.56	2	1.28
86.76	2.55	2.01	1.28
86.72	2.54	2.01	1.28
86.69	2.55	2.02	1.29

为了找出大连 LNG 接收站在海水温度接近最低温度时 ORV 运行的最大负荷，同时采用上述测试方式对海水温度接近 2℃ 进行了最大负荷测试，同样采取上述规定的安全临界条件。当 LNG 流量达到 71t/h 时，面板结冰高度接近 1m，停止增加 LNG 流量，对相关数据进行测试，具体数据见表 1-6-11，从表中可以看出，当海水温度在 2℃ 左右，ORV 的最大负载为 71t/h，此时 NG 的出口温度维持在 1.8℃ 左右，海水的排出温度在 1.2℃ 左右，满足安全运行条件。

表 1-6-11 海水温度为 2℃ 时的测试数据

LNG 流量，t/h	海水温度，℃	出口温度，℃	海水排出口温度，℃
70.96	2	1.81	1.16
71.26	2.01	1.84	1.17
71.6	2.02	1.86	1.16
71.95	2.04	1.9	1.19
71.67	2.05	1.89	1.21
71.67	2.08	1.94	1.24
71.38	2.11	1.96	1.26
71.21	2.12	1.97	1.28
71.27	2.14	1.99	1.3
71.05	2.15	2.01	1.32
71.19	2.16	2	1.32

通过 ORV 在海水温度 2℃ 和 2.5℃ 时测试的数据可以看出，当海水温度高于 2℃ 时，ORV 运行的临界条件主要受到面板结冰情况的影响，海水温度的降低虽然造成了 NG 出口温度和海水排出口温度的减小，但都在临界条件之内，而随着运行负荷的增加，ORV 面板结冰最先达到临界值，因此在冬季运行 ORV 过程中需格外关注面板结冰情况。为了找出外输压力在 4.7MPa 时 ORV

最大负荷随海水温度的变化曲线，在不同海水温度条件下 ORV 最大负荷进行了试验研究，具体数据见表 1-6-12。为了更好地进行曲线拟合，规定海水温度等于 1℃时 ORV 的最大负荷为 0，对海水温度和 ORV 运行最大负荷进行四项式拟合，如图 1-6-7 所示，以温度 T 为自变量，最大负荷 $F(T)$ 为变量，其公式为：

$$F(T) = -136.207 + 193.388T - 69.3271T_2 + 13.7642T_3 - 1.01299T_4$$

$$(1-6-6)$$

根据拟合的公式可以计算不同海水温度条件下 ORV 所允许的最大负载，同时可以计算出接收站最低外输在 $400 \times 10^4 \text{m}^3/\text{d}$ 条件下，即每台 ORV 的处理量为 39.7t/h 即可，因此只要海水温度高于 1.5℃，就可完全采用 ORV 运行。

表 1-6-12   不同海水温度对应最大负载

海水温度，℃	2	2.5	3	3.5	4	4.5	5	5.5	6
ORV 最大负荷，t/h	71	86	108	130	151	170	186	190	190

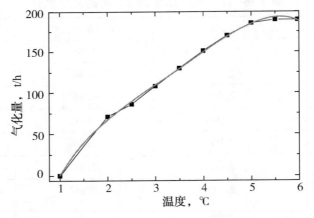

图 1-6-7   海水温度与 ORV 最大负载拟合曲线

四、结论

（1）分析了厂商给出的 ORV 最大负载相关数据，指出 ORV 冬季运行的可行性。

（2）通过试验研究，指出当热媒海水温度符合运行条件时，ORV 冬季运行时最大负荷的临界条件为面板结冰高度。

第三节 ORV 优化利用

一、ORV 在接收站的使用

在现阶段的 LNG 接收站中，一般情况下都会设置开架式气化器（ORV）和浸没燃烧式气化器（SCV）两种气化器，其中 ORV 使用海水作为气化 LNG 的热媒，SCV 则以天然气（NG）作为热媒。为了降低接收站的运行成本，将 ORV 作为 LNG 气化的主要设备，当海水温度高于 5.5℃时，采用 ORV 气化 LNG。当海水温度低于 5.5℃时采用 SCV 气化 LNG。所以 ORV 的运行时间要远远大于 SCV。下面介绍一下 ORV 的运行方式。

图 1-6-8 所示为 ORV 使用海水气化 LNG 的流程。剩余的海水将直接排放至大海。ORV 气化中海水由海水泵打入 ORV 气化系统的水槽中，再由水槽溢出从 ORV 换热片的面板上滑下，LNG 由换热片的内部向上流动。在此过程中海水将 LNG 气化成 NG。

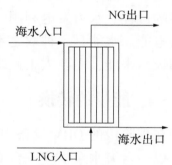

图 1-6-8　ORV 使用海水气化 LNG 工艺流程简图

在 ORV 对 LNG 进行气化的过程中会使用很多设备的配合，其中包括海水泵、次氯酸钠系统以及海水清污系统。

二、ORV 海水的再利用

随着我国经济逐步发展，对节能减排的要求也越来越高，为响应国家号召，资源的再利用也成为众多企业关注的焦点，水资源是可再生资源，在我国已经有着丰富的水资源利用的经验，此方面的例子也数不胜数。在大部分的 LNG 接收站中海水就是主要的气化 LNG 的热媒，而利用海水气化 LNG 之后海水就直接回归大海。而海水的温度并没有明显的变化，从而起到了节能环保的作用。

在 ORV 气化系统中海水给水是重要的组成部分，主要的构筑物和装置有海水取水口、海水泵、海水循环泵、格栅电动清污机、旋转滤网等。

其中海水加氯装置是采用电解海水的方式生产次氯酸钠，向海水中投加次氯酸钠，防止海生物的滋生而影响海水系统的正常运行，工艺海水系统中配有海水加次氯酸钠装置一套，该装置由次氯酸钠发生器、次氯酸钠溶液投加泵、次氯酸钠溶液贮存罐和稀释风机等设备组成。

在正常的工艺流程中，ORV运行阶段，海水泵的供水系统是不能停止的，因而次氯酸钠系统也伴随着海水系统投入使用。海水泵的给水能力是非常强大的，大约每台海水泵的给水能力为9180m³/h。而次氯酸钠系统的用电量在整个海水气化LNG系统中的比重是比较小的，可以试想一下，如果再利用海水的势能对海水加氯装置提供一部分能量是否可行。

水力发电就是利用河流、湖泊等位于高处具有位能的水流至低处，将其中所含的位能转换成水轮机的动能，再藉水轮机为原动力，推动发电机产生电能。利用水力推动水力机械（水轮机）转动，将水能转变为机械能，如果在水轮机上接上另一种机械（发电机）随着水轮机转动便可发出电来，这时机械能又转变为电能。水力发电在某种意义上讲是水的位能转变成机械能，再转变成电能的过程。水力发电利用的水能主要是蕴藏于水体中的势能。实现将水能转换为电能。水能是一种取之不尽、用之不竭、可再生的清洁能源。但为了有效利用天然水能，需要人工修筑能集中水流落差和调节流量的水工建筑物。

三、能量的转换

在现阶段的ORV设备中海水经过面板流向设备底面，其中的势能是很大的，以一台海水泵供应一台ORV进行举例进行计算。宏观上可以认为：

$$E_{海水} = M_g H \qquad\qquad (1\text{-}6\text{-}7)$$

式中　$E_{海水}$——海水的势能；

　　　M_g——海水的重力；

　　　H——海水由水槽自由落下的高度（此处以4m作粗略计算），即水位差。

经计算并换算为功率可以得出，一台海水泵供应一台ORV在一个小时中的功率就是10^5W，即100kW。

以大连LNG接收站为例，经过现场实际情况和相关资料的阐述，一台ORV运行和一台海水泵使用时，海水加氯装置中电解海水及相关设备的功率大约为60kW，也就是说如果使用现阶段的设备就要将ORV的海水的势能以60%的高效利用率用来发电才能满足海水加氯装置。但是现实情况中如此高的利用率是无法达到的。所以对于此部分的能源利用分以下两种情况进行讨论：

（1）由于前提条件不变，因为在一台ORV运行过程中只有一台海水泵在运转，即式（1-6-7）中只有H（水位差）是可以经过改造进行变化的。那么要用多高的水位差才能够满足海水加氯装置60kW的耗电量呢？查阅相关资料可以找到水力发电对能量的利用率较好的情况为 30%，那就使用 30% 计算：60kW÷30% = 200kW。那么就要将 ORV 系统中水的势能进行增加，即将水位差 H 变成 8m。在 ORV 能够正常运转的情况下，将 ORV 的底部平面进行适当的降低，同时在水能利用方面进行部分的改进与优化。这样就足以满足 ORV 流出的海水发电量来提供海水加氯装置的耗电量，当 ORV 运行时海水加氯装置将自动运行，ORV 停止运转时海水加氯装置也将自动停止，此种情况相当于对 ORV 气化系统、海水给水系统和海水加氯装置制作了一个硬性的联锁。符合节能减排的要求，满足节能减排的目的。

（2）上述情况一中，针对海水利用率不足的情况进行讨论，可以适当改进 ORV 气化系统的结构来满足海水加氯装置的供电不足问题。但是将要对现阶段已有的结构进行改造所耗费的人力和物力进行计算，并不能说这样的改造是有利的。所以既然不进行大规模的改造，还想利用这部分水能的话，可以将此部分的水能转化成电能储存起来，提供夜间的照明使用。目前我国国内路灯照明光源一般采用高压钠灯、高压汞灯和金属卤化物灯。常用的功率为 150W，250W 和 400W，目前最常用的是 250W 和 400W 两种。那么就以 250W 的电灯为计算单位，上述的海水发电利用率为 30%，ORV 提供的海水时能为 100kW，有：

$$100kW×30%÷250W = 120$$

那么就可以点亮约 120 盏路灯，为厂区内的照明提供一部分很客观的电能。

由于影响利用率的因素比较多，海水集中回收使用的难度较大，ORV 中海水势能的使用可以更加保守地进行计算，那么第一种情况将被淘汰，第二种情况更加适合已建成的接收站的节能措施。

四、结论

本节主要讲述了在接收站 ORV 气化系统中用来气化 LNG 的海水由海水泵进入 ORV 后产生的势能的再利用，宏观的计算此部分势能所产生电力的能力，并提出两种可行性的探讨。由于 ORV 中海水留下后比较分散，并不是很容易进行势能的回收，这是将要进行攻克的难关，所以甚至可以将利用率适当降低，即可以使用 10% 作为计算依据，那么在上述的第二种情况中就可以把结论改为 40 盏路灯的照明电源，这样的话可以提供一台 ORV 气化器的夜间照明。

第四节　SCV 优化利用

一、热源供应优化

在工业生产中，一些电厂和化工厂，都会有一套自己的循环水系统，一般都需要通过冷却塔等冷却设备将循环水进行一定程度的冷却后才能排出或者再次加热循环利用。循环水在通过冷却塔等冷却的过程中，很多热能在没有任何利用的情况下被白白浪费，造成热能的不必要损失。如果能将此热能加以利用，不但能达到节能减排的目的，而且能够产生一定的经济效益。

作为 LNG 接收站，SCV 气化 LNG 恰恰需要热水来提供热源，可以利用蒸汽的冷凝潜热来给 SCV 水浴加热。如图 1-6-9 和图 1-6-10 所示，可以在电厂冷却塔的前面接出一条管线到 SCV 内部，管线内的水蒸气与 SCV 水箱里面的水进行换热，换热完成后的水返回到冷却塔的下游继续循环利用。被加热的水槽内的这部分水与 LNG 进行换热，这样就能实现将这部分热能作为 SCV 的热源而利用起来。这种优化节省了天然气燃料节约燃料费用，同时也减少了很多燃烧器中间控制过程。在运行过程中，只需要通过控制水蒸气的流量就可以控制气化所需的水浴温度，从而能很好地控制气化 LNG 的量及其出口温度，从而满足气化工艺的需求。

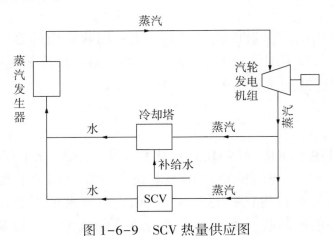

图 1-6-9　SCV 热量供应图

对于炼油厂或者发电厂其冷却作用而产生的高温高压蒸汽，可以就近铺设一条蒸汽管道到接收站，将蒸汽的冷凝潜热作为 SCV 的水浴热媒，这样不仅解决了接收站气化 LNG 所需要的热量问题，还为炼油厂和发电厂解决了蒸汽液化问题，从而保证蒸汽的循环利用。

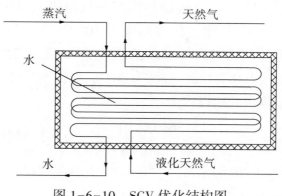

图 1-6-10　SCV 优化结构图

1. 数据计算

本部分将以图 1-6-9 SCV 热量供应图为基础，以一台 SCV 为例，在确定了实际应用参数条件下计算出以燃料气作为热源和以热电厂的废热蒸汽作为热源两种不同条件下 SCV 运行成本。

1）计算所需参数

（1）电厂汽轮机参数：汽轮机额定功率 7MW；额定进气压力 3.43MPa；进汽温度 435℃；额定排气压力 0.7MPa；排汽温度 261℃；额定转速 1761r/min。

（2）SCV 相关参数：生产能力 200t/h；LNG 密度 $\rho = 0.44 \times 1000 kg/m^3$；天然气热值 $q = 3.7 \times 10^7 J/m^3$。

（3）海水泵相关参数：额定功率为 1500kW；额定流量为 8930m³/h。

2）计算过程

（1）燃料费的计算。根据以上数据取一体积 LNG 可以气化 NG 体积为 600，那么可以根据公式求得：

$$每小时气化出天然气体积 V_1 = \frac{M}{\rho} \times 600 = \frac{200 \times 1000}{0.44 \times 1000} \times 600$$

式中　M——气化出的天然气质量，t。

假设 SCV 耗用燃料气与总共气化出天然气之比为 1.5%，则每小时 LNG 气化所需的燃料气体积为：

$$V_2 = \frac{1.5}{100} \times V_1 = \frac{1.5}{100} \times \frac{200 \times 1000}{0.44 \times 1000} \times 600 m^3/h = 4090.9 m^3/h$$

假设每立方米天然气价格为 3 元，则每小时燃料气价格为 12272.7 元，每个月单台满负荷运转的 SCV 燃烧燃料气费用约为 883.6 万元。

（2）替代燃料气燃烧所需蒸汽量的计算。

燃料气燃烧产生的热量 $Q = V_q = 4090.9 \times 3.7 \times 10^7 = 15136.33 \times 10^7 J$

忽略管路中能量损失，并且假设利用部分汽轮机出口废热蒸汽来提供气化LNG所需的热量，经SCV后水的出口温度为100℃：

进入SCV这部分蒸气压力为0.7MPa；温度为261℃；焓值$h_1 = 2977.47kJ/kg$；经SCV后水的出口水压力0.7MPa；温度为30℃；焓值$h_2 = 126.38kJ/kg$；每小时需要水蒸气量为M_1，根据公式可以得出：

$$M_1 = \frac{Q}{h_1 - h_2} = \frac{15136.33 \times 10^7}{(2977.47 - 126.38) \times 10^3} \approx 5.3 \times 10^4 kg = 53t$$

当SCV的气化能力为200t/h时，每小时用水蒸气量为53t。

（3）每台汽轮机发电产生废热蒸汽量的计算。

由动力系统的热力参数来计算朗肯循环效率$\eta_{ranking}$，假定发电机效率为η_e，于是可以得到动力部分所需要的额定热负荷（P_{th}）为：

$$P_{th} = \frac{P_e}{\eta_{ranking} \eta_e}$$

式中　　P_e——发电机组额定功率，kW。

汽轮机进汽温度 $T_1 = 435 + 273 = 708K$

汽轮机出汽温度 $T_2 = 261 + 273 = 534K$

朗肯循环效率 $\eta_{ranging} = \frac{T_1 - T_2}{T_1} = \frac{708 - 534}{708} = 0.248$

假定发电机效率为$\eta_e = 0.975$，额定热负荷为：

$$P_{th} = \frac{7}{0248 \times 0.975} = 28.95MW = 28950kJ/s$$

压力为3.43MPa，温度435℃，焓值$h_3 = 3307.5kJ/kg$，汽轮机前蒸汽质量流量（V）为：

$$V = \frac{28.950 \times 10^6 J/s}{3307.5 \times 10^3 J/kg} = 8.753kg/s$$

即每秒需要供给汽轮机蒸汽质量流量为8.753kg/s。

每台汽轮机每小时蒸汽质量为：

$$M_2 = 3600 \times 8.753 = 31.5t$$

根据计算得出，两台上述7MW的汽轮机发电后的废水可以为1台满负荷运行的SCV提供所需的热量。

2. 分析对比

由上面计算可以看出，200t/h负荷运转的SCV运行费用为每月883.6万元+设备损耗，优化后的SCV运行费用仅仅包括设备损耗部分，很明显，优化后的 SCV 在成本方面考虑有很好的竞争优势。

另外，现在的 SCV 燃料气燃烧存在很多联锁条件和众多因素的影响而容易引起跳车等生产事故，直接影响了 SCV 的正常运行，进而影响全厂生产。而在优化后，只需要通过控制蒸汽的流量就可以达到气化工艺所需的水浴温度，并且简化了控制过程，进而达到控制生产的目的。用发电厂废热提供热源的 SCV 与 ORV 相比较，不仅仅省掉了海水泵运行的费用，还省去了防止海生物滋生的次氯酸装置。

二、设计缺陷的优化

在开工调试阶段发现了几点 SCV 设计中的缺陷，对比逐一在现场进行了改造优化，使得 SCV 在后来的运行中一直平稳。

1. 缺陷 1：点火枪经常无法点燃天然气

在开工点火测试 SCV 时，不是每次点火枪点火都能点燃天然气，经常出现点火枪连续点火 4~5 次才能点着火的情况。这就带来了以下问题：

（1）操作人员要花费更多的时间来操作 SCV 点火，这会分散他们监视其他数据的精力。

（2）点火枪使用寿命减少。点火枪都是通过瞬间的高电压来产生火花的，每次打火花都会对点火枪的材质、绝缘带来一定的损伤，所以每只点火枪都会有点火寿命(如 100 次)，然后就报废了。如果每次给一台 SCV 点火都需要 4~5 次打火花，则点火枪的报废时间就大大缩短了，频繁更换新的点火枪势必会增加生产成本。

2. 缺陷 2：紧急启用备用 SCV 时需要更长的时间

开启一台 SCV 需要的步骤和时间为：开水泵用时约 0.5min，开风机用时约 0.5min，点火用时约 4min，则如果一次点火就成功，则总共需要大约 5min 的时间就可以把 SCV 开起来。

但如果第一次没有点着火，则需要再次点火，即仍需要 4min 时间。如果一台 SCV 需要点火 4 次才能点着的话，总消耗时间则要达到 17min。那么对需要紧急启用备用气化器保证天然气外输量会带来不利的影响。

经过对设备的随机资料研究及对这种现象详细分析后认为，应该是点火枪枪头伸出管嘴过短以至于点火的火花没有接触到足够的天然气并点燃它。我们打开了一台安装点火枪的 SCV 大盖，拿下大盖发现点火枪枪头只伸出大盖 2.5cm、伸出管嘴 1cm[图 1-6-11(a)]。在现场把大盖上面安装点火枪的保护套管割掉 3.5cm[图 1-6-11(b)]，使得点火枪向大盖下多伸出 3.5cm，即枪头伸出管嘴 4.5cm。把大盖回装之后再多次点火测试，点火成功率达到 100%。

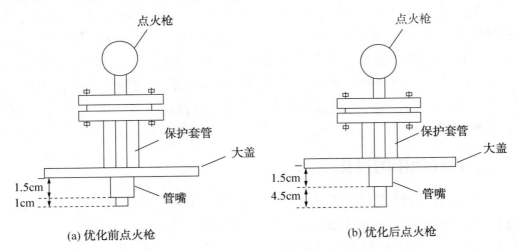

图 1-6-11   点火枪优化前后示意图

之后把其余的 SCV 的点火枪都照此办理，结果点火成功率都达到 100%。这样既节约了点火时间又延长了点火枪报废周期节约了成本。

3. 缺陷3：火焰检测不到导致 SCV 停车

每台 SCV 都有两个火焰检测器，采用 2 取 2 联锁方式。当其中任意一个火焰检测器没有检测到火焰时会报警提示，当两个都检测不到火焰就认为 SCV 内火灭了，为了安全联锁关闭燃料气的入口阀，导致 SCV 停车，停止天然气外输。

现场的 SCV 点着火后，经常会出现两个火焰检测器中的一个由于检测不到火焰而报警，有时还会出现两个都检测不到火焰而联锁停车的情况。而实际上当火焰检测器没有检测到火焰而报警时，在 SCV 的现场观察视镜里却可以用肉眼观察到有火焰，这说明火焰检测器误报警、误动作了。对火焰检测器进行检查，可以确认它没有发生故障，是完好的。

经过对现场火焰检测器的安装角度和炉膛设计的研究，认为是火焰检测器的安装角度过于倾斜[图 1-6-12（a）]，以至于在炉膛火焰点燃后还没有进 LNG 或 LNG 进量很小时火焰较小使得检测器有时检测不到火焰而联锁停机。

在现场的两个火焰检测器的旁边是两个接近直立的观察视镜，可以用肉眼直接观察火焰。经仔细分析后，决定选一台 SCV 把火焰检测器和观察视镜调换位置来解决火焰检测器管嘴过于倾斜的问题。首先按照图纸参数确定了调换位置需要的连接管件，做好了连接管件后把火焰检测器和观察视镜调换了位置[图 1-6-12（b）]。再点火几次后发现改造效果相当好，不再出现因为火焰检测器检测不到火焰而误报警甚至误动作导致 SCV 停车的事情。

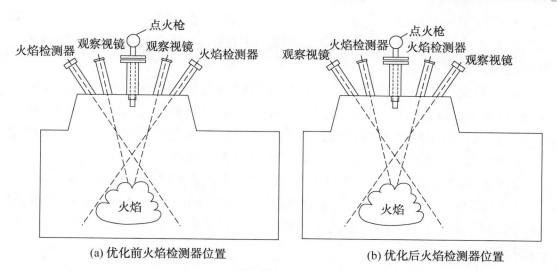

(a) 优化前火焰检测器位置   (b) 优化后火焰检测器位置

图 1-6-12 火焰检测器优化前后位置示意图

之后把其余几台 SCV 的火焰检测器都照此改造，都效果明显，从而保证了设备的连续运行，进而保证了气体的平稳外输。

4. 缺陷 4：燃料气压力高高导致 SCV 停车

天然气点火程序设定如下：关闭放空开关阀、打开入口开关阀 1 和入口开关阀 2 使天然气进入炉膛准备点火，这三个阀门同时动作。然后关闭入口开关阀 1 和入口开关阀 2，打开放空开关阀把两个入口开关阀之间的天然气放空使管线不憋压。为了避免进入炉膛的天然气压力过高发生事故，因此在天然气管线入口处设置了 2 取 2 高高联锁的两块压力变送器 PT1 和 PT2（图 1-6-13）。

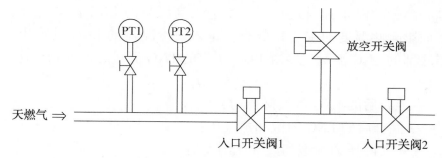

图 1-6-13 燃料气供应流程示意图

在 SCV 点火开车过程中时有发生天然气入口压力（PT1，PT2）高高联锁停止程序运行导致无法点火的问题。

经分析后得出结论，点火时关闭放空开关阀、打开入口开关阀 1 和入口开关阀 2，入口压力平稳。然后当入口开关阀 1 和入口开关阀 2 关闭而放空阀同时打开时，入口压力上升不多，不到联锁值。而如果入口开关阀 1 和入口开关阀 2 关得慢了一点而是放空开关阀（3/2in）先打开了，则管线中天然气的过量突然增大，这时入口开关阀 1 再关闭则管线中的压力就会猛然增加到联锁值从而导致 SCV 联锁。

为了避免这类事情的发生，在放空开关阀的入口连接法兰处加了一块孔径仅为 10mm 的孔板，使得即使放空开关阀打开的时间稍微比入口开关阀 1 关闭得快了一点，由于放空开关阀的孔板作用使得放空量变得很小，从而减少因放空开关阀先打开而造成的天然气过量增大得很多的情况。

再点火测试后发现，由于入口天然气压力高高造成的联锁已经不再发生了。

经过把 SCV 进行了以上几点的修改后，SCV 的点火、火焰检测、天然气入口压力都不再发生问题，提高了设备运行的稳定性，有力地保障了天然气的平稳外输。

第五节　最小外输量分析

一、影响相对最小外输量的主要操作参数分析

对相对最小外输量的控制，主要是控制再冷凝器经冷凝后的 LNG 的液体实际压力与饱和蒸气的压差 p_{DIC} 值，如式（1-6-8）所示，由于 p_{DIC} 低报警值为 0.10MPa，因此控制此值不低于 0.10MPa，当低于 0.10MPa 时，由于液体实际压力相对为定值，说明经混合后的 LNG 温度过高，造成饱和蒸气压升高，温度过高后，LNG 由过冷液体转化为气体，下游管线携带气体后，将造成高压泵产生气蚀和高振动停车，因此必须控制进入高压泵的 LNG 流体温度在一定的温度下，而影响此温度的主要参数有：进入再冷凝器的 BOG 的产出量、进入再冷凝器底部的 LNG 流量、冷凝 BOG 所需的 LNG 流量之比的物料比。

$$p_{DIC}=p-p_a \tag{1-6-8}$$

式中　p——混合后的 LNG 的实际压力；

p_a——混合后的 LNG 的饱和蒸气压；

p_{DIC}——实际压力与饱和蒸气压的差值。

1. 饱和蒸气压对相对最小外输量的影响

在控制相对最小外输量的过程中，必须保证从再冷凝器出口至高压泵的 LNG 属于过冷液体，冷凝液与冷态 LNG 混合后的温度与饱和蒸气压的函数关系为：

$$p(T)=(3.673\times10^{-6}T^3+2.0259\times10^{-3}T^2+3.7538\times10^{-1}T+23.369)-0.101325 \tag{1-6-9}$$

饱和蒸气压与 LNG 温度关系曲线如图 1-6-14 所示，在曲线中也可以看到液体的实际控制压力和 p_{DIC} 差值与温度及饱和蒸气压之间的关系。从图 1-6-14 中可以看出，LNG 液体的实际压力通过分程控制原理控制在 0.72MPa 左右，为一个定值，而 LNG 的饱和蒸气压随着 LNG 的实际温度的增加而不断增大，p_{DIC} 不断减小，当饱和蒸气压为 0.62MPa，液体实际压力为 0.72MPa，也即 p_{DIC} 值为 0.1MPa 时，LNG 温度为 -130.8℃，因此，控制 p_{DIC} 不低于 0.1MPa，即控制 LNG 混合后的温度须低于 -130.8℃，才能满足高压泵的运行要求，保证对最小外输量的控制。

2. BOG 的产出量对相对最小外输量的影响

BOG 气体经压缩机压缩后，压力达到 0.7MPa 左右，温度达到 0℃以上，然后进入再冷凝器顶部后，与低压总管的一部分过冷 LNG 进行混合，经冷凝后温度降低至 -127℃ 左右，因此 LNG 不仅为 BOG 从气态到液态的相变过程提供冷量，而且还要为压缩后的降温过程提供冷量。图 1-6-15 为压缩机在不同负荷下的 BOG 产出量与冷凝所需的 LNG 量的关系曲线，其中再冷凝器的液位控制在 3.4m±0.4m，从图 1-6-15 中可以看出，随着 BOG 产出量的不断增大，所需的冷凝 LNG 量也不断增大，曲线近似成直线关系，而液气比基本上为一定值。均值为 7.49。因此，对最小外输量的控制中，可采取尽量减小 BOG 的产出量的措施，这样进行冷凝所需的 LNG 量也会相应减少，外输量也会适当减少。

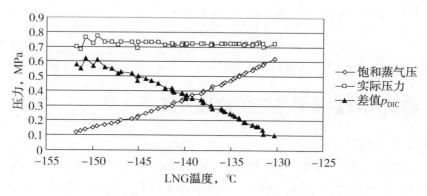

图 1-6-14　饱和蒸气压与 LNG 温度关系曲线

3. 物料比对相对最小外输量的影响

物料比定义为进入再冷凝器底部的 LNG 流量与冷凝 BOG 所需的 LNG 流量的比值，此值是当压缩机为 75% 或者 100% 负荷时，其中再冷凝器的液位控制在 3.4m±0.4m，气液平衡后固定控制物料 S5 的阀门开度，不断增大或减小再冷凝器底部的 LNG 物料 S7 的流量值，分别对 LNG 的饱和蒸气压和温度进行记录，经计算所得到的结果。此比值与饱和蒸气压及 LNG 实际温度的关系曲线如图 1-6-16 所示，从图中可以看出，饱和蒸气压随着 LNG 的实际温度上升不断增大，而物料比则不断减小，因此在确定需要控制的 LNG 的饱和蒸气压的范围后，可根据饱和蒸气压与物料比的对应关系得到对应的物料比，控制好物料比便可实现对外输量的控制。

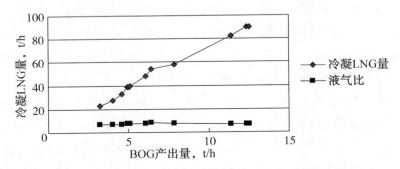

图 1-6-15　BOG 的产出量与冷凝所需 LNG 量关系曲线

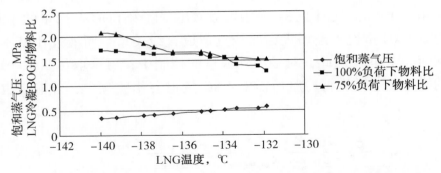

图 1-6-16　物料比与饱和蒸气压及 LNG 温度关系曲线

二、降低相对最小外输量的改进方案

1. 改进方案概述

现有的最小外输量控制方案为：当压缩机负荷为 75% 运行时，最小外输量控制在 85t/h 左右；当压缩机负荷为 100% 运行时，最小外输量控制在 100t/h 左右。此两种情况下去高压泵 LNG 的饱和蒸气压都控制在 0.55MPa 以下，也即温度控制在 -132.5℃ 以下。储罐压力控制在 19~22kPa，去火炬总管的压力设定值为 22kPa，超过 22kPa 将会排向火炬燃烧，因此当储罐压力上升至 21.9kPa 时，压缩机负荷由 75% 升至 100%，同时提高外输至 100t/h，当储罐压力下降至 19.1kPa 时，压缩机负荷由 100% 降至 75%，外输降低至 85t/h 左右，尽量避免火炬燃烧浪费。

首先采用减少码头循环量，尽可能产生小量的 BOG 气体，减慢储罐压力上升趋势，以便使 BOG 压缩机维持在 75% 负荷下运行，避免在 100% 负荷下运行。原码头循环量为 25t/h，通过控制阀门开度，使循环量调节至 8t/h 后，发现卸料臂部分温度明显上升，由原来的-140℃左右上升至-60℃左右，使码头循环保冷效果变差，而寻找合适的码头循环量需要不断测试，测试过程中很容易造成储罐压力上升，因此提出改进方案。

改进方案：采用 BOG 压缩机给浸没燃烧式气化器（SCV）提供燃料气（FG），从而分流部分 BOG 产出量，原控制方案中，采用外输给 SCV 提供燃料气，在最小外输量控制中此方案并不合理，改进后方案如图 1-6-17 所示。

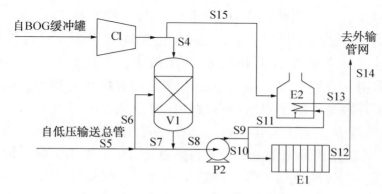

图 1-6-17　改进方案 2 工艺流程图

改进方案中，压缩机在 75% 负荷下工作，进入 SCV 进行气化的 LNG 量约为 34t/h，分流的 BOG 为 SCV 提供燃料气，约为 0.67t/h，因此进入再冷凝器的 BOG 量由原来的 5.01t/h 减少到 4.34t/h 左右，LNG 的饱和蒸气压控制在 0.55MPa 以下，外输量均值为 75t/h 左右，详细物流关系见表 1-6-13。

表 1-6-13　改进后最小外输量控制主要运行参数

物　　流	温度,℃	压力, MPa	流量/, t/h
BOG-S4	27.26	0.703	4.34
BOG-S15	3.9	0.701	0.67
LNG-S5	-155.63	1.29	91.17
LNG-S6	-155.63		33.54
LNG-S7	-155.63		57.63
LNG-S8	-138.23	0.720	95.51
LNG-S9	-137.34	12.542	85.77
NG-S14	5.51	4.41	75.19

2. 改进方案的实施效果

在再冷凝器稳定的前提下，把改进方案应用于实际操作过程，再冷凝器运行的主要参数趋势如图1-6-18所示，分流的BOG为0.67t/h左右，由图4曲线可得，液气比为7.49，则冷凝的LNG可减少5.01t/h，实际冷凝用量为34.24t/h，压缩机在75%负荷下工作，混合后的LNG温度控制在-132℃左右，由图1-6-16曲线可得，物料比为1.575，则再冷凝器底部的LNG用量为53.93t/h，则LNG用量减少6.73t/h，因此外输量在原再冷凝器控制外输量的基础上可减少11.74t/h，而实行改进方案后，实际相对外输量减少约10t/h。可见，采用改进方案，减少了进入再冷凝器的BOG量，从而进入再冷凝器的BOG量相对减少，冷凝所需的LNG也减少，根据物料比的关系，再冷凝器底部的LNG也随之减少，饱和蒸气压控制在0.55MPa以下，这样外输量也会自然减少，而且这种方案提高了BOG的利用效率，当压缩机负荷为100%运行时，也可以采用此改进方案，最大限度地降低相对最小外输量。表1-6-13为改进前后最小外输量控制主要运行参数的比较，从表中可以看出，改进后随着进入物流S4的减少，物流LNG-S5，LNG-S6，LNG-S7，LNG-S8和LNG-S9也随之减少，外输量由原来的85t/h左右降低至75t/h左右，每小时降低10t/h，日均减少240t，有效地达到了降低外输量的要求，保证接收站在不停工的前提下对相对最小外输量进行有效控制。

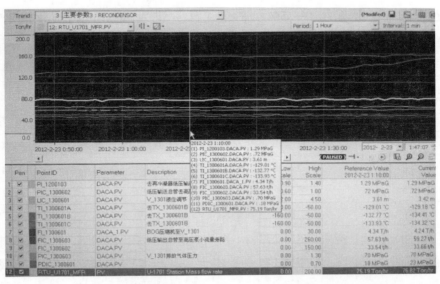

图1-6-18　实行改进方案后再冷凝器运行主要参数趋势图

第七章 海水供应

ORV 作为 LNG 接收站的主要气化设备，其热媒来自海水，因此海水供应的平稳性直接影响了 LNG 接收站的平稳运行。海水供应一般采用海水泵供应，并包括次氯酸钠系统和旋转滤网和清污系统。

第一节 旋 转 滤 网

在大连 LNG 接收站投产运行期间，多次出现海水泵出口压力低问题，并且已经造成海水泵入口过滤网损坏的严重后果，而此问题会对整套海水系统造成影响。通过对问题的检查已经确定是因旋转滤网网板间间隙以及链条侧挡板与导轨配合间隙过大，致使大量海藻进入取水池内造成水泵滤网堵塞，使水泵出口压力降低。

一、旋转滤网的工作原理

电动机转动带动减速机转动，减速机上小传动链轮随之转动；小传动链轮转动，通过与其啮合传动链条带动工作链轮主轴装配上的大传动链轮转动；大传动链轮转动带动工作链轮主轴转动，工作链轮随之转动；工作链轮转动带动与其啮合的工作链条转动。工作链条与工作链轮啮合部分为旋转运动，工作链轮半径以下脱离啮合部分到水池底部圆弧轨道半径以上之间的距离为直线运动。工作链条运动带动其上网板运动。由于网板运动过程是一端上升，另一端下降，因此，网板上升端在上升过程中将过滤拦截到网面上的杂物带出地面。这时由地上冲洗水管上的喷嘴喷出的压力水将附着在网面上的杂物冲落到排污槽中，再由排污槽将杂物冲推到排污沟中，然后集中卸污和运输。根据以上工作原理并根据水中杂物多少可安排定时或连续工作，达到过滤清污和用水量的要求。

二、网板间间隙密封

旋转滤网是由许多块板框式网板组成履带式网带。它由链轮、链条带动，绕传动主轴在水室中运转。

水流通过网带时脏污物被网拦截。在网板提升过程中，经压力水冲洗，污物坠落于集污槽中，再收集去除。

两块网板之间的间隙，称为"网板间隙"。它包括两种状态的间隙：（1）网板在直轨段运行时，两块网板之间的间隙；（2）网板在底部弧轨段运行时，两块网板之间的间隙。网板间隙可用下列公式表示：

$$\delta = \delta_1 + \delta_2 + \delta_3 \tag{1-7-1}$$

式中　δ——网板间隙；

　　　δ_1——设计间隙；

　　　δ_2——制造误差增加的间隙；

　　　δ_3——水压力引起网板塑性变形增大的间隙。

在设计旋转滤网时，一般取设计网板间隙 δ_1 为 5mm。网框骨架制造的不直线度一般为 1/1500。网板变形产生的间隙 δ_3，可以通过理论计算求得。这三种间隙之和，应不大于网孔的最大尺寸。

图 1-7-1 所示为网板在弧形轨段运行时的间隙。由于沿弧形轨转动，使两网板相互折转成一定的夹角，两网板之间的间隙 δ 值最大。

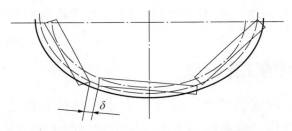

图 1-7-1　弧形轨段运行时的间隙

当运转到底部弧形轨道时，网板间隙 δ 会随两块网板的夹角增大而增大。当网板夹角为 120° 时 δ 值最大，可达 20mm 以上。为了克服网板间隙过大，造成脏污物通过网带的缺陷，通常采用橡胶密封，如图 1-7-2 所示。

三、改良后的实际对比

对旋转滤网工作原理及网板间密封性的研究，从理论上得到了旋转滤网改造的可行性，只有对过滤密封性的提高才能根本解决海水过滤问题，从而净化取水处的水质，稳定海水泵运行。

目前，大连 LNG 接收站的旋转滤网部分改造已经完成。取未改造和已改造的旋转滤网的水位差曲线，如图 1-7-3 和图 1-7-4 所示。

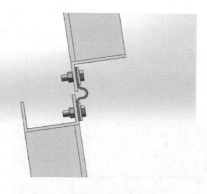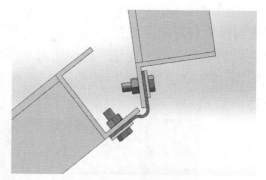

(a) 直轨段橡胶密封网板间隙　　　　　　　(b) 弧轨段橡胶密封网板间隙

图 1-7-2　两种不同密封方式

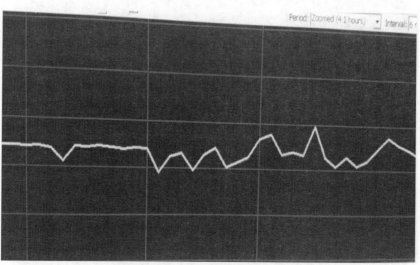

图 1-7-3　未改造的旋转滤网水位差曲线

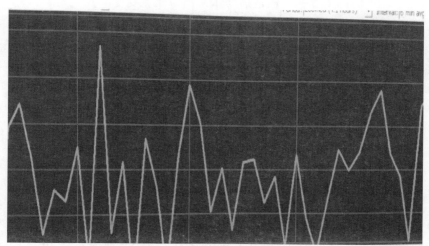

图 1-7-4　改造后的旋转滤网水位差曲线

通过对比水位差曲线图，我们可以得到改造前旋转滤网的水位差较稳定，原因是密封性不好导致不能很好地起到过滤作用，滤网前后的杂质平衡造成的结果。而改造后曲线有明显的变化，这说明对于网板间隙的改造起到了明显的作用。

图 1-7-5 和图 1-7-6 是同一海水泵在运行时间相同的情况下，旋转滤网改造前后出口压差的变化的曲线图。

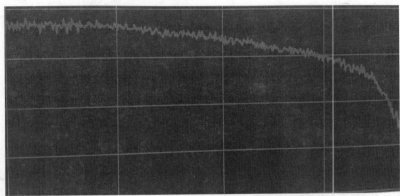

图 1-7-5　改造前海水泵出口压差变化曲线

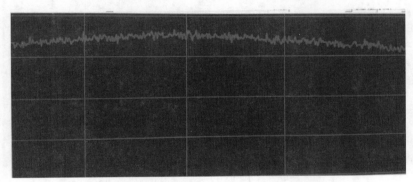

图 1-7-6　改造后海水泵出口压差变化曲线

改造前海水泵出口压差有明显的下降趋势，而改造后的海水泵出口压差就相对稳定。这也证明对旋转滤网的改造能明显地解决泵入口过滤网堵塞和海水泵出口压力低的问题，保障了海水泵的平稳运行。

第二节　次氯酸钠系统对比

一、当前 NaClO 产生装置及成本核算

当前 LNG 接收站通过采用电解海水制次氯酸钠装置产生 NaClO，并通过适当的投加量有效防止海水管道内微生物的滋生，保证海水系统正常稳定运行。

1. NaClO 产生装置

图 1-7-7 为大连 LNG 接收站电解海水制次氯酸钠装置监控画面。从海水管道引入海水至装置，经海水增压泵加压后通过过滤器送入次氯酸钠发生器电解出次氯酸钠溶液。次氯酸钠溶液进入储罐储存，经投加泵（冲击投加泵）送至海水投加点。在整个过程中，海水增压泵将通过 FT1 流量计变频控制其出口流量；冲击投加泵将根据储罐液位来启停；投加泵将被 FT2 通过流量变频器控制其出口流量。同时，在电解海水制次氯酸钠的过程中会产生氢气，因此风机抽入的空气将有效控制其浓度在爆炸极限（体积分数 4%~75.6%）之下，保证设备安全正常运行。

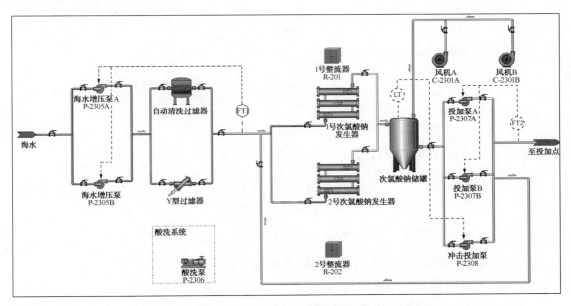

图 1-7-7　电解海水制次氯酸钠装置监控画面

2. 成本核算

次氯酸钠发生器正常运行时其两端电压为 110V，通过改变其电流来产生不同浓度的 NaCLO 溶液。表 1-7-1 列出了大连 LNG 接收站次氯酸钠发生器 G-2301A 和 G-2301B 实际运行时不同电流 $I(A)$ 所产生的 NaClO 溶液浓度 $n(mg/L)$。

表 1-7-1　不同电流对应 NaClO 浓度

次氯酸钠发生器	G-2301A					G-2301B				
电流 I, A	0	600	800	1000	1150	0	600	800	1000	1150
NaClO 浓度 n_1, mg/L	0	868.7	1214.05	1620.85	1881	0	961.9	1275	1693.6	1957.35

由厂商资料显示，电流与 NaClO 溶液浓度呈线性关系，所以用 MATLAB

作出其散点图(图1-7-8)，并通过线性拟合得出电流与浓度的关系式。

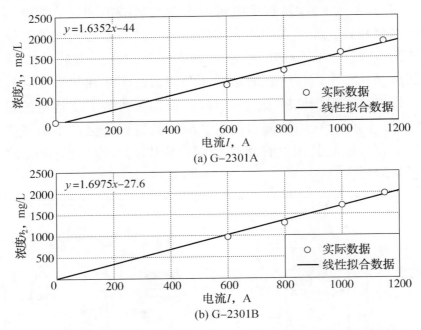

图1-7-8　大连LNG接收站次氯酸钠发生器电流与NaClO浓度关系图

$$n_1 = 1.6352I - 44 \qquad (1-7-2)$$
$$n_2 = 1.6975I - 27.6 \qquad (1-7-3)$$

式中　n_1——G-2301A产生的NaClO溶液浓度，mg/L；

　　　n_2——G-2301B产生的NaClO溶液浓度，mg/L；

　　　I——对应电流，A。

当次氯酸钠产生装置正常运行时，有一台海水增压泵、次氯酸钠发生器(1台或两台运行)、一台风机、一台投加泵同时运行。若单台次氯酸钠发生器运行，NaClO溶液产生流量为17m³/h，投加流量为16m³/h；两台运行，NaClO溶液产生流量为34m³/h，投加流量为32m³/h。当储罐液位上升至3.56m时，冲击投加泵启动将液位降低至2.2m停止。因此，得出G-2301A和G-2301B分别单独运行时，NaClO投加流量Q_A(kg/h)和Q_B(kg/h)与其NaClO溶液浓度关系式：

$$Q_A = 16 \times n_1 \times 10^{-3} \qquad (1-7-4)$$
$$Q_B = 16 \times n_2 \times 10^{-3} \qquad (1-7-5)$$

大连LNG接收站设置了4台海水泵，每台海水泵正常运行时流量为9000m³/h。由此得到取水口投加点(默认为入口余氯检测点)处海水中NaClO含量与NaClO投加流量间的关系式为：

$$n_{inA} = \frac{Q_A \times 10^3}{NQ_{sea}} \tag{1-7-6}$$

$$n_{inB} = \frac{Q_B \times 10^3}{NQ_{sea}} \tag{1-7-7}$$

式中　n_{inA}——G-2301A 单独运行时入口余氯检测点 NaClO 含量，mg/L；

N——运行海水泵数，台；

Q_{sea}——单台海水泵流量，取 $9000\text{m}^3/\text{h}$；

n_{inA}——G-2301B 单独运行时入口余氯检测点 NaClO 含量，mg/L。

表 1-7-2 为大连 LNG 接收站某月 1 台海水泵运行，次氯酸钠发生器 G-2301A 为其提供 NaClO 溶液，不同电流时对应的入口余氯（n_{inA}）和出口余氯（n_{out}）。同时，用入口余氯减去出口余氯得到海水管道内 NaClO 的消耗量。

表 1-7-2　海水工艺相关数据

I，A	200	300	500
n_{out}，mg/L	0.10	0.42	1.03
n_{inA}，mg/L	0.535	0.844	1.461
消耗量，mg/L	0.435	0.424	0.431

通过表 1-7-2 不难看出，管道中 NaClO 的消耗量几乎是一定的，在此取其平均值作为管道内消耗量，即 $(0.435+0.424+0.431)/3 = 0.43\text{mg/L}$。根据相关资料显示，要保证管道内微生物不滋生，最小余氯应为 0.2mg/L。因此得到投加点的 NaClO 最小浓度 n_{in} 应为 $0.2+0.43 = 0.63\text{mg/L}$。

通过以上数据和式（1-7-1）至式（1-7-6）得到不同数量海水泵运行时，所需求的 NaClO 最小流量 Q_{min}（kg/h）以及 G-2301A 和 G-2301B 单独运行所需求的电流（I_A 和 I_B）与平均电流 $[I_{avg} = (I_A+I_B)/2]$，见表 1-7-3。

表 1-7-3　不同台数海水泵运行相关数据

运行海水泵数量，台		1	2	3	4
Q_{min}，kg/h		5.67	11.34	17.01	22.68
电流 A	G-2301A	243.62	460.34	677.06	893.77
	G-2301B	225.02	433.79	642.55	851.31
	平均电流 I_{avg}	234.32	447.065	659.805	872.54

表 1-7-4 列出了 NaClO 产生装置正常运行时，对应设备的额定功率。以当前工业用电 0.5 元/（kW·h），通过表 1-7-3 和表 1-7-4 计算得出不同数量

海水泵运行所消耗的功率和成本，见表 1-7-5。

表 1-7-4　设备额定功率

设备	风机	海水增压泵	投加泵	其他	总共
功率，kW	0.75	4	7.5	2.25	14.5

表 1-7-5　不同数量海水泵运行消耗功率和成本

海水泵数量，台	1	2	3	4
消耗功率，kW	40.28	63.68	87.08	110.48
单位时间内成本，元/h	20.14	31.84	43.54	55.24
单位时间内成本，万元/a	17.64	27.89	38.14	48.39

二、直接投加 NaClO 装置及成本核算

1. 直接投加 NaClO 装置介绍

图 1-7-9 为改进后的 NaClO 产生装置简图。装置中设置了一个 NaClO 储液罐，用于储存直接购买的 10%～12%的 NaClO 溶液，购买的溶液通过加注口直接注入储液罐内。储液罐设置了溢流口、排净口和液位计。通过开启阀门 MV03 以及调节 MV04，MV05，MV06 和 MV07 阀门开度直接将 10%～12%的 NaClO 溶液投加至取水口处，用于防止微生物的滋生。

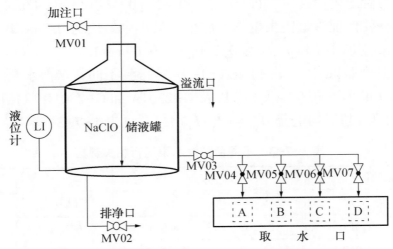

图 1-7-9　直接投加 NaClO 装置简图

2. 成本核算

当前 10%～12%的 NaClO 溶液价格为 750～1000 元/t，以 11%和平均价格 875 元/t 计算，得出 NaClO 价格为 7.95 元/kg。由此，通过表 1-7-3 得出不同

数量海水泵运行所对应的成本，见表 1-7-6。

表 1-7-6　不同数量海水泵运行成本

海水泵数量，台	1	2	3	4
Q_{min}，kg/h	5.67	11.34	17.01	22.68
单位时间内成本，元/h	45.08	90.15	135.23	180.31
单位时间内成本，万元/a	39.49	78.97	118.46	157.95

3. 总结

直接投加 NaClO 装置明显比电解海水制 NaClO 装置更为简单。同时，通过表 1-7-5 和表 1-7-6 对比发现海水 NaClO 产生装置更节约成本。

第三节　海水流量波动

ORV 是大连 LNG 接收站整套工艺流程中的重要设备，利用海水换热，将高压液态天然气转化为气态，其优点在于运行稳定，能耗量低，监控数据量小等。但是作为接收站工艺流程的核心设备之一，如果出现异常停车会严重影响接收站的平稳工况，更严重的会造成全厂工艺停车。

目前在大连 LNG 接收站 ORV 运行期间，由于海水流量的波动，经常会出现流量低低联锁，导致停车情况。下面将对此问题进行分析并确定优化思路。

一、ORV 主要流程

ORV 主要工艺流程如图 1-7-10 所示。

LNG 在垂直换热管组成的平板内流动，而在管外流动的海水形成细小水膜，覆盖整片气化器。海水和 LNG 之间温度的不同导致热量从海水转移到 LNG。热量交换使 LNG 吸收足够的热量转变成蒸气，并且达到 0℃ 的最低出口温度。LNG 是从换热管底部进入并向上流动。而海水作为开架式气化器的加热媒介，从顶部进入并沿着翅管表面向下流动，并通过排水口送到水槽底部。通过使用翅管可以提高管的换热效果，因为这样可以增加管子的加热表面区域。

在整个海水供水过程中，设备是通过海水管线上的 MV 阀和 HCV 阀中间的流量元件进行测量。当海水流量降至低时产生报警，然后内操人员开启 HCV 流量控制阀增加海水。

当无法停止海水流量减少时，将触发低低流量联锁报警，然后开架式气化器被联锁停止，该联锁将关闭液化天然气进口管线隔离阀，使设备停止运行。

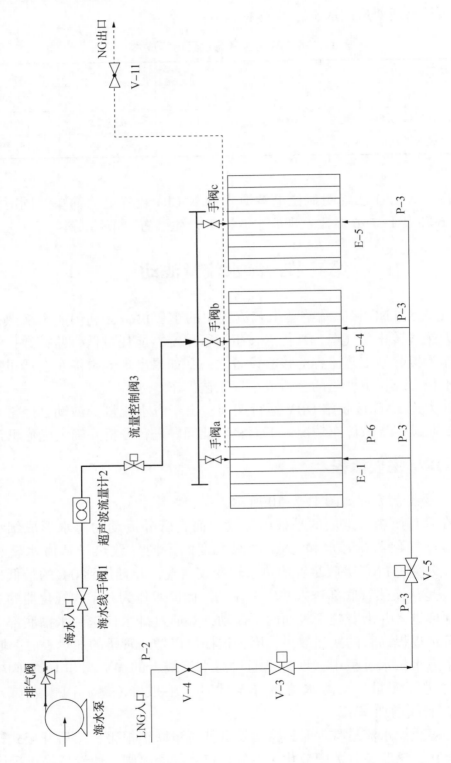

图1-7-10 ORV主要工艺流程图

二、海水流量低低联锁

海水流量低低联锁主要通过流量监控装置反馈流量信息，达到监控海水供水水量和保护 ORV 稳定运行目的。而稳定的海水供给正是保障气化器不被液态天然气损坏的根本条件。

而大连 LNG 接受站的海水流量监主要由超声波流量计进行测量，并利用时差法进行数据整合并输送到控制系统中。

1. 超声波流量计原理

超声波在流动的流体中传播时会载上流体流速的信息。因此通过接收到的超声波就可以检测出流体的流速，从而换算成流量。类型可以分为传播速度差法（时差法、相位差法和频差法）、波束偏移法、多普法等。大连 LNG 接收站监控 ORV 海水流量的超声波流量计就是以时差法为基准设计和安装的。

时差法超声波流量计工作原理如图 1-7-11 所示。它是利用一对超声波换能器相向交替（或同时）收发超声波，通过观测超声波在介质中的顺流和逆流传播时间差来间接测量流体的流速，再通过流速来计算流量的一种间接测量方法。

图 1-7-11 中有两个超声波换能器：顺流换能器和逆流换能器，两只换能器分

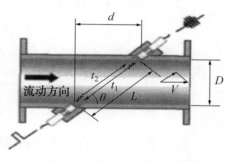

图 1-7-11　超声波流量计原理图

别安装在流体管线的两侧并相距一定距离，管线的内直径为 D，超声波行走的路径长度为 L，超声波顺流传播时间为 t_1，逆流传播时间为 t_2，超声波的传播方向与流体的流动方向夹角为 θ。由于流体流动的原因，是超声波顺流传播 L 长度的距离所用的时间比逆流传播所用的时间短，其时间差可表达为：

$$\left.\begin{aligned} t_1 &= \frac{L}{c+v\cos\theta} \\ t_2 &= \frac{L}{c-v\cos\theta} \end{aligned}\right\} \tag{1-7-8}$$

式中　c——超声波在非流动介质中的声速；

　　　v——流体介质的流动速度。

t_2 和 t_1 之间的差为：

$$\Delta t = t_2 - t_1 = \frac{L}{c - v\cos\theta} - \frac{L}{c + v\cos\theta}$$

$$= \frac{2vL\cos\theta}{c^2 - v^2\cos^2\theta} \qquad (1-7-9)$$

$$= \frac{\dfrac{2vd}{c^2}}{1 - \left(\dfrac{v}{c}\right)^2 \cos^2\theta}$$

式中 d——两个换能器在管线方向上的间距。

假设流体的流速和超声波在介质中的速度相比是个小量，即：

$$v \ll c = \left(\frac{v}{c}\right)^2 = 0 \ll 1 \qquad (1-7-10)$$

式（1-7-10）可简化为：

$$\Delta t = \frac{2vd}{c^2} \qquad (1-7-11)$$

也就是流体的流速为：

$$v = \frac{c^2 \Delta t}{2d} \qquad (1-7-12)$$

由此可见，流体的流速与超声波顺流和逆流传播的时间差成正比。

2. 流体波动对声波流量计的影响

通过推导出的公式可以得到超声波在介质中的传播速度直接影响超声波顺流和逆流传播的时间差。

实践中在为 ORV 供水初期，海水管线内会产生大量气体，而超声波在气体和海水这两种介质中的流速是不同的，这会直接造成超声波流量计对流体速度的错误判断而发生剧烈波动，甚至触发联锁。

如图 1-7-12，在供水初期超声波流量计的波动变化，由于管线内部气体的混入，使超声波流量计反馈的数据发生剧烈波动。

三、海水管线内的液体流态

由于海水在管线中流动时也会产生气体，而液体的流态波动会将这些气体聚集，使气态空间加大，所以液体的流态可以进一步反映出管线内气体量的大小，同时对超声波流量计数据产生波动。

1. 管道中气、水两相流的流态

根据美国著名水锤专家马丁教授的研究理论，较平坦的供水管路在充水及运行过程中可能呈现 6 种气液两相流流态，如图 1-7-13 所示。

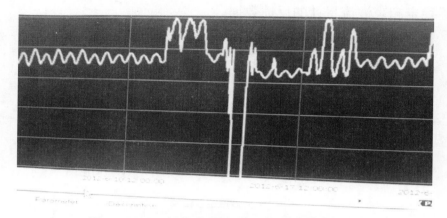

图 1-7-12　超声波流量计反馈的流量波动图

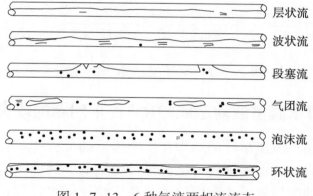

图 1-7-13　6 种气液两相流流态

在管道充水过程中 6 种流态的产生阶段如下：(1)层状流——充水前期；(2)波状流——充水中期；(3)段塞流——充水后期；(4)气团流——充水后期；(5)泡沫流——某些特殊情况；(6)环状流——某些特殊情况或阀门处。

充水过程中，气和液两相流的 6 种流态主要取决于两相的速度、物理特性(温度、密度、黏滞性等)和水流充满度等。随着影响因素的改变，6 种流态间也将进行相互转化。

2. 6 种流态间的相互转化

流态间的相互转化包括：(1)层状流→波状流→段塞流[图 1-7-14(a)]；(2)气团流→段塞流[图 1-7-14(b)]；(3)泡沫流→气团流→段塞流[图 1-7-14(c)]；(4)环状流→波状流→段塞流[图 1-7-14(d)]。

可见，管道在正常供水过程中将经历层状流、波状流、气团流及段塞流，在特殊情况及部位有时会产生泡沫流和环状流，但最终的流态都将是段塞流。

因此只有快速使液体进入段塞流状态的供水模式才能有效地降低流态变化，最终稳定超声波流量计的反馈数据。

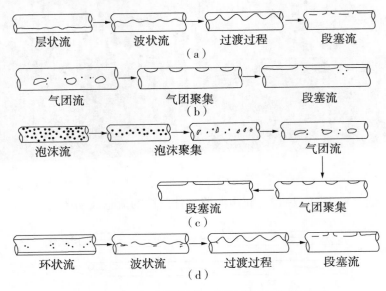

图 1-7-14　6 种流态间的相互转化

四、确定海水流量波动造成 ORV 停车问题的改良思路

通过上面对超声波流量计的原理及影响因素的分析和对管线内部流态的变化的研究可以得出，为了保证超声波流量计计量的准确性，要尽量稳定液相空间，减小管线内的气体量，达到即快速又稳定地使供水过程进入理想状态，只有这样才能解决 ORV 停车问题。

第四节　海水泵冷却水过滤器

海水泵作为海水系统的供水枢纽，是不可缺少的设备之一，而冷却水是保障海水泵稳定运行的必要条件。由于海水泵对用于润滑和冷却的冷却水水质存在要求，所以对冷却水的水质的净化就要利用过滤器来完成。

目前在大连 LNG 接收站海水泵运行期间，在海水水质差时，会出现过滤器频繁切换和清洗的情况，而切换和清洗的频率过高会造成人力和设备的损耗。

而且，当冷却水压差过高或流量过低时，也可导致海水泵停车的严重后果，所以下面将对此问题进行分析得到合理的优化方案。

一、海水泵冷却系统介绍

海水泵冷却水系统是在泵启动后对泵体内部轴承进行润滑和降温而设计的。它是利用泵体自身输送海水进入泵体内部进行冷却和润滑。如图 1-7-15 所示。

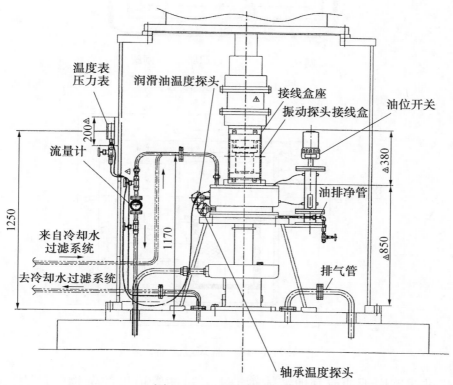

图 1-7-15　冷却水系统

冷却水由泵自身打出，通过过滤装置(图 1-7-16)再进入泵体进行冷却和润滑，它的优点是简化了泵体结构，减少了额外使用冷却和润滑装备的费用。

但是缺点是冷却水的清洁度会受到海水情况的直接影响。当恶劣天气下，海水水质降低时，为了保证海水泵正常运行，要对一备一用的冷却水过滤器进行频繁地切换和清理，才能满足泵体对冷却水水质的要求。

以上对冷却水系统的归纳，可以确定冷却水过滤器的状态是影响海水泵的正常运行的重要原因。

二、过滤器结构及原理

海水泵的冷却水过滤器采用的是篮式过滤器，如图 1-7-17 所示。

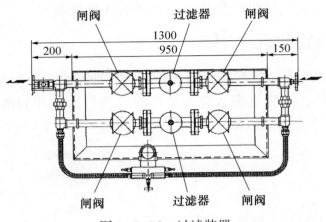

图 1-7-16　过滤装置

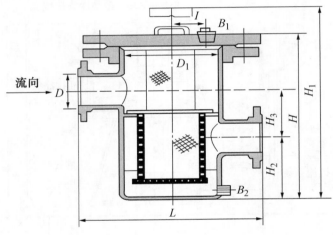

图 1-7-17　篮式过滤器

　　篮式过滤器用于油或其他液体管道上，过滤管道里的杂物，过滤孔面积比通径管面积大 2~3 倍，远远超过 Y 型和 T 型过滤器过滤面积。过滤器精度在过滤器中属于一种精度较佳的过滤器，滤网结构与其他过滤网不一样，因形状像篮子，故名篮式过滤器。

　　篮式过滤器主要结构由接管、筒体、滤篮、法兰、法兰盖及紧固件等组成。安装在管道上能除去流体中的较大固体杂质，使机器设备（包括压缩机、泵等）和仪表能正常工作和运转，达到稳定工艺过程，保障安全生产的作用。

　　篮式过滤器的工作原理是除去液体中少量固体颗粒的小型设备，可保护压缩机、泵、仪表等的正常工作，当流体进入有一定规格的滤网的滤桶后，其杂质被阻挡，而清洁的滤液则由过滤器出口排出，当需要清洗时，只要将可拆卸的滤桶取出，处理后重新装入即可。

三、过滤器基本特性

过滤器主要性能指标有过滤精度、压降特性和纳垢容量，除此之外还有工作压力和工作温度等参数。

1. 过滤精度

过滤精度是指过滤器对不同尺寸颗粒污染物的滤除能力，常用绝对过滤精度、过滤比和过滤效率等指标来评定，过滤精度分为粗（$d \geqslant 0.1\text{mm}$）、普通（$d \geqslant 0.01\text{mm}$）、精（$d \geqslant 0.005\text{mm}$）和特精（$d \geqslant 0.001\text{mm}$）4 个等级（$d$ 为孔径）。

（1）绝对过滤精度，是指能够通过过滤器的最大坚硬污染颗粒的尺寸，以 μm 表示。

（2）过滤比（β 值），是指过滤器上游油液中单位容积中大于某给定尺寸 x 的污染物颗粒数 N_u 与下游油液中单位容积中大于同一尺寸的污染物颗粒数 N_d 之比值，即对某一尺寸 x 的污染颗粒而言，其过滤比 β_x 的表达式为：

$$\beta_x = N_\text{u}/N_\text{d} \tag{1-7-13}$$

则绝大部分尺寸大于 x 的污染颗粒将被滤除，因此 x 值可认为是该过滤器的绝对过滤精度。

2. 压降特性

液压回路中的过滤器对油液来说是一种液阻，因而油液经过时必然要产生压降。一般来说，在滤芯尺寸和油液流量一定的情况下，滤芯的过滤精度越高，则其压降越大，在流量一定的情况下，油液的黏度越小，则压降越小。滤芯所允许的最大压降，应以使滤芯不致发生结构性破坏为原则。

3. 纳垢容量

过滤器在压力降大于其规定限值之前截留的污染物的问题称为纳污容量，以质量（g）表示。过滤器的纳垢容量越大，则其寿命越长，所以它是反映过滤器寿命的重要指标。过滤器的有效过滤面积越大，则纳垢容量也就越大。

过滤器的设计过滤面积为：

$$A = q\eta/(\alpha\Delta p) \tag{1-7-14}$$

式中　q——过滤器的额定流量，L/min；

η——油液的动力黏度，Pa·s；

Δp——压力降，MPa；

α——滤芯单位面积的通油能力，L/cm²。

四、结合过滤器的特点确定优化方法

通过对过滤器工作流程和原理的分析并结合其特性，可以得到多种优化方法来有效地控制海水泵冷却水过滤器频繁切换和清洗的问题。如下：

（1）可以在海水泵要求的过滤范围内，在海水杂质颗粒多时，采用更换冷却介质的方式降低杂质的颗粒数目，来提高过滤精度，增加过滤器的使用时间，保证冷却水的供给效果。

例如：在恶劣天气下可以采用淡水进行冷却。

优点：解决频繁切换和清洗的同时，不会对泵体产生过多磨损。

缺点：由于海水泵是自身供水冷却，在切换淡水时，需要额外提供动力来保证冷却水的流量。

（2）通过对过滤器压降特性的分析，在冷却水要求的压降范围内，可以通过改变滤网形态来控制过滤量，稳定冷却水系统的运行。

例如：可以扩宽滤网直径来解决。

优点：可以直接有效地控制冷却水的压力波动。

缺点：由于滤网口径扩宽，大颗粒杂质进入泵体可能会降低泵的使用寿命。

（3）可以不改变冷却介质和过滤器滤芯结构来降低过滤器的切换和清洗频率，延长过滤器使用寿命。

例如：整体扩大过滤器的过滤面积，更换大容垢量过滤器。

优点：对压降要求不高，同时不改变泵自身冷却的模式形式。

缺点：由于存污垢量的增大，会对过滤器的清洗带来不便。

第八章　LNG 接收站 LNG 泄漏应急处置

第一节　LNG 泄漏事故特征

一、危险性分析及可能发生的事故类型

1. 储罐内 LNG 发生翻滚和储罐破裂使 LNG 外漏

危险与 LNG 处于沸腾（或接近于沸腾）状态有关。在 LNG 储罐中，外来的热量传入会导致气化而使压力超高，致使安全阀打开或造成更大的破坏。

LNG 储罐最大的危害是产生翻滚，由于储罐中 LNG 不同的组成和密度引起分层，两层之间进行传质和传热，最终完成混合，同时在液层表面进行蒸发。此蒸发过程吸收上层液体的热量而使下层液体处于过热状态。当两液体的密度接近相等时就会突然迅速混合而在短时间内产生大量气体，使储罐内压力急剧上升，甚至顶开安全阀或破坏罐体，从而大量 LNG 喷出罐外。

为避免出现这种危害，应从源头采取措施：密度小的 LNG 从罐底进料，密度大的 LNG 罐顶进料。

2. LNG 储存设备泄漏

接收站储存 LNG 的主要设备是 LNG 储罐、再冷凝器、BOG 压缩机缓冲罐和火炬分液罐。

这些设备在超温超压时很容易发生 LNG 泄漏，容易发生泄漏的部位有：

（1）LNG 储罐的整个罐顶；

（2）再冷凝器底部去高压泵管线上的第一道法兰；

（3）BOG 压缩机缓冲罐底部去 LNG 储罐管线上的第一道法兰。

3. LNG 管线泄漏

在低温条件下的操作，金属部件会出现明显的收缩，在管道系统的任何部位尤其是阀门、法兰等处有可能出现泄漏，泄漏出的 LNG 会蒸发为 NG，逐渐上浮，且扩散较远，容易遇到潜在的火源，十分危险。

4. LNG 泄漏次生危害

LNG 泄漏容易导致的事故类型是冻伤和窒息。LNG 泄漏还会导致冷爆炸

和火灾。

1）冻伤

由于LNG是-162℃的深冷液体，皮肤直接与低温物体表面接触会产生严重的伤害。直接接触时，皮肤表面的潮气会凝结，并粘在低温物体表面上。皮肤及皮肤以下组织冻结，很容易撕裂，并留下伤口。粘接后，可用加热的方法使皮肉解冻，然后再揭开。这时候如硬将皮肤从低温表面撕开，就会将这部分皮肤撕裂，所以当戴湿手套工作时应特别注意。

低温液体黏度较低，它们会比其他液体（如水）更快地渗进纺织物或其他多孔的衣料里。在处理与低温液体或蒸气相接触或接触过的任何东西时，都应戴上无吸收性的手套（PVC或皮革制成），手套应宽松，这样如发生液体溅到手套上或渗入手套里面时，就可容易地将手套脱下。如有可能发生激烈的喷射或飞溅，应使用面罩或护目镜保护眼睛。

2）窒息

吸入LNG气化后产生的NG，短时间内会导致呼吸困难，若长时间吸入，容易窒息。如果吸入纯净LNG蒸气而不迅速脱离，人很快就会失去知觉，几分钟后便会死亡。

人员吸入LNG导致的窒息共分为以下4种情况。

（1）第1种情况，含氧量（体积分数）14%～21%，呼吸、脉搏加快，并伴有肌肉抽搐。

（2）第2种情况，含氧量10%～14%，出现幻觉、易疲劳，对疼痛反应迟钝。

（3）第3种情况，含氧量6%～10%，出现恶心、呕吐、昏倒，永久性脑损伤。

（4）第4种情况，含氧量低于6%，出现痉挛、呼吸停止，死亡。

通常，含氧量10%是人体不出现永久性损伤的最低限。相对应，正常空气中含52.4%的甲烷，其氧含量是10%。

3）冷爆炸

由于水与LNG热传递速率非常大，在LNG泄漏遇到水时（例如LNG收集池中的雨水），LNG将激烈地沸腾并伴随大的响声、喷出水雾，导致LNG蒸气爆炸，因此应定期清理LNG收集池中的雨水。

4）火灾

LNG蒸气遇到火源会迅速燃烧，火焰会扩散到氧气所及的地方。游离云团中的天然气处于低速燃烧状态，云团内形成的压力低于5kPa，一般不会造成很大的爆炸危害。燃烧的蒸气就会阻止蒸气云团的进一步形成，然后形成稳定燃烧。

二、事故发生的区域、地点

LNG 泄漏事故发生的地点是接收站内储存和输送 LNG 的所有设备及管线，主要分布在码头区、储罐区、工艺区。主要泄漏点：LNG 储罐、再冷凝器、BOG 压缩机缓冲罐、卸料臂、卸船总管、冷循环线、低压输出总管、高压输出总管、装车臂、装车总管线等。

三、事故可能发生的季节和造成的危害程度

各季节均可能发生 LNG 泄漏事故，泄漏后容易造成冻伤、窒息及火灾爆炸事故。

四、事故前可能出现的征兆

LNG 泄漏前一般是发生泄漏部位有异常声音、喷出白色雾状气体、结霜。

第二节　事故应急处置程序

一、发生少量 LNG 泄漏

（1）目击者或当事人发现 LNG 泄漏时，应立即报告主控室及操作总监，操作总监立即安排岗位人员进行紧急处置，并上报给接收站应急办公室，应急总指挥组织现场人员和利用周围资源进行应急处理。

（2）截断泄漏源前，操作人员要确认此处理是否涉及外输（如果需要调整外输量时，需要请示北京油气调控中心，非常情况下可以先处置后汇报）。

发生泄漏时目击者或当事者应第一时间采取一切办法截断泄漏源；同时，清除泄漏源周围的一切火源以及可燃与易燃物质，关闭周围电源。

（3）处理完毕后，由操作员保护好泄漏事故现场，以便查明事故原因，做好事故调查分析。

（4）接收站负责事故现场取证，结束后，由总指挥指挥恢复现场。

（5）如果经过现场处置仍无法控制泄漏，应立即上报公司应急领导小组请求支援，应急领导小组应立即协调地方各主管机构或周边兄弟单位救援力量。

二、发生 LNG 大量泄漏

（1）目击者或当事人报告 LNG 接收站应急办公室，应急办公室立即安排

各专业应急小组到位，实施现场警戒和隔离，同时向公司应急办公室报告。

（2）应急领导小组总指挥到达事故现场，启动应急预案，各应急专业小组接到通知后立即就位实施应急处理。

（3）综合组协助应急领导小组组长指挥现场救援工作的实施；提供现有抢险抢救物质、设备工具等。

（4）抢险组采取相应办法截断泄漏源，围堵、截流泄漏的危化品；清除或隔离周围一切点火源以及可燃与易燃物质，关闭一切电源；清理泄漏区域安全通道障碍物，避免疏散、运输受阻。

（5）如果泄漏引起人员中毒窒息、冻伤等，救护组实施现场医疗救护。

（6）现场救援完毕后，应急领导小组负责成立事故调查小组，对事故现场进行取证，开展事故调查，查明事故原因。

第三节　现场各区域 LNG 泄漏应急处置措施

为了便于演练及掌握 LNG 泄漏造成的危害程度，把接收站 LNG 设备及管线分为 6 个区域：码头区、码头至储罐区、储罐区、储罐至高压泵区、高压泵至气化器区及槽车区。

应急处置措施按照 LNG 管线、储存设备进行分类。

原则上管线泄漏分为少量泄漏（泄漏出的 LNG 未成流淌到地面或甲板上）及大量泄漏（泄漏出的 LNG 流淌到地面或甲板上）。

原则上，管线少量泄漏时，先把 LNG 吹扫至储罐等储存设备，再泄压后紧固，需要动火时应置换合格。发生大量泄漏时，立即关闭泄漏处两端最近阀门，用氮气对泄漏 LNG 进行稀释，对流淌到地面或甲板上的 LNG 使用氮气稀释或自然蒸发。整个过程应严禁任何火源。准备好灭火器材及泡沫系统。必要时请求消防队支援。

设备发生泄漏时，首先切除该设备，并把设备内的 LNG 以最快的速度倒至其他储罐或设备，待泄压置换后处置。

一、码头区 LNG 泄漏

码头区 LNG 泄漏主要发生在装卸船过程中，快速耦合器与船方法兰连接处。分以下几种情况：

（1）发生少量泄漏时（泄漏出的 LNG 未成流淌到甲板上），通知船方停泵，设备抢修组立即组织维修人员打开快速耦合器后面齿轮盖，用力矩扳手对快速耦合器进行二次紧固；如果仍然有微量泄漏，可以对泄漏部位打卡子继续紧固；如果仍然有微量渗漏，可用湿抹布对泄漏部位进行缠绕并浇水，利用局部骤冷使缝隙冻结阻止泄漏。如果不再泄漏，可继续卸料。但是卸料过程中船方和岸方均应加强对泄漏部位的巡检和监视，整个卸料过程要避免超压。

（2）如果是一条卸料臂泄漏且无法阻止，关闭此卸料臂的 XV 阀及船方靠近泄漏部位的截止阀，通过卸料臂泄压线对此卸料臂泄压后停用此卸料臂，尽快利用另外两条卸料臂继续进行卸料，卸料速度可以与船方协商适当提高流量，船方一般以 11800~12800m³/h 卸料速度卸货，纯卸料时间（启动第一台泵到停最后一台泵）20h（正常卸料时间 17h）；总卸料时间（系第一根缆到完全解开卸料臂）约 33h。基本上能保证 36h 船舶在港时间。

（3）如果是两条卸料臂泄漏且均无法阻止，由于一条卸料臂设计流速只有6000m³/h，按照浮动 20% 计，即 7200m³/h，纯卸料时间将达到 31h，总卸料时间将为 44h，不能保证 36h 船舶在港时间，这种情况下必须对泄漏的两条臂进行泄压、置换、升温（恢复到大于零摄氏度）后，重新连接卸料臂，整个时间大约为 4~6h。之后利用三条卸料臂开始卸料。理想状态下，如果其他项目时间紧凑的情况下仍然能满足船舶在港时间 36h 要求；正常状态下，会产生船舶滞港 1~3h。

（4）如果三条卸料臂均出现无法阻止的泄漏，重新对三条卸料臂进行泄压、置换、升温，重新连接卸料臂再开始卸料。正常状态下，会产生船舶滞港3~5h。

特殊情况下泄漏也发生在卸料臂立管与主管线第一道法兰处。发生泄漏时，立即关闭双球阀及该臂的 XV 阀，通过泄压线对此卸料臂进行泄压、氮气置换合格后进行处置修复。

二、码头至储罐区 LNG 泄漏

此区域主要包括卸船总管线（也是总容积最大的管线）、码头冷循环管线。

1. 卸船总管在上罐前某处发生裂纹泄漏

立即停止码头冷循环，降低卸料总管压力。从码头三个卸料臂同时引入氮气，把卸船总管内的 LNG 吹扫至 LNG 储罐内（注：打开储罐上进料阀门，选择上进料）。

对泄漏到地面上的 LNG 采用自然蒸发。对整个过程实时监控，防止火灾发生。

当卸船总管氮气吹扫置换合格后，对裂纹部分进行处理。

如果裂口很大，不能用氮气吹扫时，立即关闭泄漏点两端阀门，将管线进行隔离，可通过排净阀门将物料倒空，也可通过安全阀进行倒空。物料倒空后进行氮气置换，置换合格进行处理。

2. 码头冷循环线码头平台处管线泄漏

立即停止码头冷循环，降低卸料总管及冷循环线压力。从码头三个卸料臂同时引入氮气，把卸船总管及冷循环线内的 LNG 吹扫至 LNG 储罐内（注：打开储罐上进料阀门，选择上进料）。

对泄漏到地面上的 LNG 采用自然蒸发。对整个过程实时监控，防止火灾发生。

当冷循环线、卸船总管氮气吹扫置换合格后，对裂纹部分进行处理。

如果裂口很大，不能用氮气吹扫时，立即关闭泄漏点两端阀门（注：码头循环管线分为 3 段，分别是码头平台段、栈桥断和接收站段，在管线容积中有详细分段），将管线进行隔离，可通过排净阀门将物料倒空，也可通过安全阀进行倒空。物料倒空后进行氮气置换，置换合格进行处理。

让管线内物料自然蒸发掉。在没有 LNG 时，再使用氮气把管线置换合格等待处理。

三、储罐区 LNG 泄漏

储罐区主要以三台储存 LNG 容器为主，三台 LNG 储罐、一台再冷凝器、一台 BOG 压缩机缓冲罐及附属管线。

1. 储罐发生大量泄漏

发现储罐有大量 LNG 泄漏时，中控人员应立即通过广播通知接收站站内无关人员立即撤离到紧急集合点，报火警 119，请求消防车到现场支援。储罐顶部泄漏出的 LNG 主要流淌到储罐罐顶、储罐区域地面及地面的 LNG 收集池。LNG 收集池配置的消防泡沫系统在起火后会自动启动，对流入收集池内的 LNG 进行覆盖。一般是储罐内 LNG 发生了翻滚现象，储罐压力急剧升高，BOG 总管上去火炬压控阀及罐顶安全阀不能及时排出罐内产生的 BOG，储罐压力持续升高，造成储罐穹顶及外罐顶部裂开，大量 LNG 喷出罐外。

还有一种情况是，LNG 储罐内罐壁损坏，LNG 泄漏到环系空间并急剧气化，破坏外罐罐顶而喷出关外。此时环系空间温度会急剧下降，瞬间环系空间各温度点达到内罐温度。

LNG 储罐出现泄漏后，操作人员应切断故障储罐的进料阀门，以 1 号储罐为例，应迅速关闭卸料管线进储罐阀门及其旁路手阀（注：如果来不及靠近储罐，可不关闭旁路手阀），低压排净管线进储罐阀门，高压排净进储罐阀门，高压补气切断阀，然后关闭去低压输送总管切断阀，打开 2 号罐进料阀门，启动 1 号罐 4 台低压泵，将 1 号罐物料倒到 2 号罐，从而降低储罐内 LNG 的翻滚程度。当翻滚仍然继续发生，储罐压力持续升高，造成储罐穿顶及外罐顶部裂开，大量 LNG 喷出罐外时，主控人员应立即请示北京油气调控中心停止外输，并按照停车顺序停止外输，并停止 1 号储罐所有低压泵，关闭 1 号罐去 BOG 总管切断阀，将 1 号罐进行隔离（注：此时由于 1 号罐损坏，无法判断储罐内低压泵是否能够使用，最安全稳妥方式应隔离储罐，严密监视现场动态，严禁任何人进入现场，等翻滚现象结束，储罐内 LNG 相对稳定时再进行处理）。

当现场 LNG 泄漏停止，且判断低压泵可继续使用时，立即启动故障储罐内的 4 台低压泵，把罐内剩余 LNG 通过倒料线尽快倒入其他两台储罐内。罐内无法倒出的剩余 LNG 靠自然蒸发而挥发到大气中。罐区地面及收集池内的 LNG 通过自然蒸发挥发到大气中，可通过氮气进行稀释。整个过程要严禁任何火种。

储罐内 LNG 基本挥发完毕后，利用储罐氮气线向罐内引入氮气，通过储罐罐顶排空线和裂口排放。对储罐内 BOG 进行稀释并氮气置换。待储罐氮气置换合格后，对故障储罐进行修复处理。

2. 再冷凝器底部去高压泵管线第一道法兰泄漏

出现泄漏后，应首先停止 BOG 压缩机，关闭 BOG 压缩机出口切断阀，同时关闭再冷凝器 LNG 入口流量调节阀，切断再冷凝器的进料管线。然后外操人员在现场立即对再冷凝器和竖管进行切换，打开高压泵放空至竖管手阀，然后关闭高压泵放空至再冷凝器手阀。并通过关闭高压泵回流至再冷凝器手阀，开启高压泵回流至高压排净手阀。与此同时，中控人员关闭高压补气阀门，再冷凝器 LNG 入口切断阀和再冷凝器出口阀门，将再冷凝器切除（注：需将再冷凝器顶部气相压控阀 PCV1300603 设为手动）。

随后对再冷凝器进行泄压，抢修人员立即穿戴防冻服，使用铜制扳手对泄漏处进行紧固抢修。如果垫片刺开紧固不住，需将再冷凝器内物料通过开启去低压排净手阀排净，并通过氮气接口对再冷凝器进行吹扫置换，合格后方可更换垫片并紧固。紧固后对再冷凝器进行重新投入使用。

对泄漏到地面或流入收集池的 LNG 进行自然蒸发，对整个过程实时监控，防止火灾发生。收集池着火时高倍数泡沫灭火装置会自动启动，特殊清情况下可以请求消防队支援。

3. BOG 压缩机缓冲罐底部管线第一道法兰泄漏

立即对 BOG 压缩机缓冲罐进行切除，通过打开跨线手阀，关闭缓冲罐出入口手阀进行切除。抢修人员立即穿戴防冻服，使用铜制扳手对泄漏处进行紧固抢修。如果垫片刺开紧固不住，从顶部预留口接入氮气，把缓冲罐内LNG通打开过去低压排净手阀排回到LNG储罐。然后进行置换泄压，泄压后更换垫片并紧固。紧固后投用BOG压缩机入口缓冲罐。

对泄漏到地面上的LNG采用自然蒸发。对整个过程实时监控，防止火灾发生。

四、储罐至高压泵区LNG泄漏

此区域主要LNG管线是低压输送总管线。

当低压输送总管线在某处发生大量泄漏时，立即请示北京油气调控中心停止外输，并按照紧急停车程序停止外输。将低压输送总管进槽车站、再冷凝器、高压泵管线进行切断隔离，从低压总管至高压总管氮气接口引入氮气，把低压输送总管线内的LNG通过低压泵回流线吹扫至LNG出罐内（选择上进料）。

对泄漏到地面上的LNG采用自然蒸发。对整个过程实时监控，防止火灾发生。

当低压输送总管线氮气吹扫置换合格后，对裂纹部分进行处理。

如果裂口很大，不能用氮气吹扫时，立即关闭泄漏点两端阀门（注：低压输送管线可分为3段，分别是前段、中段和后段，在管线容积表中有详细分段），将管线进行隔离，可通过排净阀门将物料倒空，也可通过安全阀进行倒空。物料倒空后进行氮气置换，置换合格后进行处理。

五、高压泵至气化器区LNG泄漏

此区域主要包括高压输送总管、ORV入口管线、SCV入口管线等。

高压输送总管线某处发生裂纹泄漏时，立即请示北京油气调控中心停止外输，并按照紧急停车程序停止外输。将高压输送总管进ORV、SCV和高压泵管线进行切断隔离，从低压总管至高压总管氮气接口引入氮气，把高压输送总管线内的LNG通过零输出循环管线至高压排净，最后送至LNG储罐内（选择上进料）。

对泄漏到地面上的LNG采用自然蒸发。对整个过程实时监控，防止火灾发生。

当高压输送总管线氮气吹扫置换合格后，对裂纹部分进行处理。

如果裂口很大，不能用氮气吹扫时，将高压输送总管进ORV、SCV和高压泵管线进行切断隔离，通过低点排净阀门将 LNG 排净，然后利用氮气把管线吹扫置换合格后进行处理。

六、槽车区 LNG 泄漏

槽车区主要包括装车总管线、装车冷循环线、装车臂和槽车等。容易发生泄漏的部位是装车臂。

在装车过程中装车臂被拉断或撞裂时，立即现场按下紧急停车系统按钮，或在槽车控制室、主控室按下槽车站紧急停车系统按钮，停止一切装车，禁止启动车辆和打火，同时对泄漏部位进行氮气稀释。当装车停止，确认装车管线上切断阀关闭，装车气相臂切断阀关闭，泄漏停止时（注：此种情况要求槽车本身系统装车管线装有截止阀，当装车臂出现拉断时，槽车上的 LNG 不至于泄漏出来），操作人员应穿戴防冻服关闭槽车装车管线进料手阀和气相管线手阀。

对泄漏到地面上的 LNG 采用自然蒸发。对整个过程实时监控，防止火灾发生。

如果槽车泄漏无法控制，应立即通知消防队进行支援。

如果发生火灾立即启动槽车站喷淋系统降温、稀释。

第四节 注意事项

（1）佩戴个人防护器具方面的注意事项。

需要佩戴防护用品的人员在使用防护用品前，应认真阅读产品安全使用说明书，确认其使用范围、有效期限等内容，熟悉其使用、维护和保养方法，发现防护用品有受损或超过有效期限等情况，绝不能冒险使用。

（2）使用抢险救援器材方面的注意事项。

首先检查抢险救援器材是否完好，若发现不合格应及时调换。

正确使用抢险救援器材。

使用中抢险救援器材损坏应及时更换。

（3）采取救援对策或措施方面的注意事项。

事故处理应严格按照规定程序进行操作，严禁随意改动，如确需改动，必须经专业人员同意后方可。

（4）现场自救和互救注意事项。

保护好现场伤员，防止伤员二次受伤，现场有条件的立即在现场进行抢救，条件不具备的应立即拨打 120 及向上级领导汇报并联系专业救护队救护，了解现场情况，防止事故扩大。

（5）现场应急处置能力确认和人员安全防护等事项。

各专业小组成员必须参加过红十字会组织的救护培训并取得救护证书，所有工作人员应熟练掌握防毒设备的穿戴和灭火器材及其他设备的使用方法；消防设备配备齐全；所有工作人员应爱护和保护消防设施和器材，发现问题应及时进行整改维修。

（6）应急救援结束后的注意事项。

在确定各项应急救援工作结束时，由总指挥宣布应急救援工作结束，撤离所有伤员救护人员，清点人员后，留有专人组织巡视事故现场遗留隐患问题。

（7）其他需要特别警示的事项。

各级人员严格服从指挥人员的调配，积极做好救援工作。

第二部分 LNG 接收站案例分析

第一章 工艺设备故障案例

案例1 LNG 卸料臂快速连接器(QCDC)故障

【事件描述】

　　某 LNG 接收站配置 4 台法国 FMC 的卸料臂,卸料臂的快速连接器(QCDC)型号为 Quikcon III 液压自动紧固型,每台卸料臂配置 5 套快速连接器,每套快速连接器由液压分配器、液压马达、驱动齿轮、定心导杆和紧固件组成。图 2-1-1 所示为快速连接器简图。

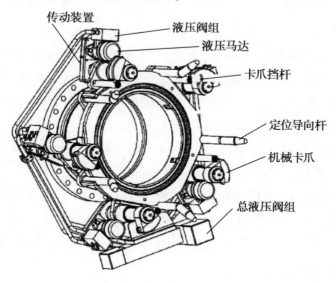

图 2-1-1　快速连接器简图

　　QCDC 液压系统用一个液压分配器控制 5 个液压紧固器,为保证法兰紧固时 5 个紧固器同时紧固到位,液压分配器采用串联和并联两种模式。当开始紧固时,为满足快速紧固要求,采用串联模式(图 2-1-2),流过每个液压马达的液压油流量相同，压力均分，速度几乎相同；当有一个紧固器紧固到位后，立即转换成并联模式(图2-1-3)，驱动没有到位的紧固器继续紧固，此时流过每个紧固液压马达的液压油流量不同，压力相同。

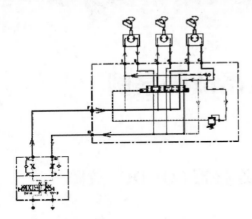
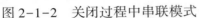

图2-1-2　关闭过程中串联模式

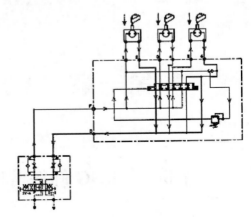

图2-1-3　关闭过程中并联模式

某LNG接收站4个卸料臂在操作过程中：(1)多次出现连接器紧固螺杆完全伸出再紧固时，一个或几个螺杆不回位，无法紧固连接法兰的情况；(2)液相臂B的QCDC多次出现紧固器动作不同步，甚至不动作现象；(3)液相臂C的QCDC多次出现其中一个紧固器在紧固到位后，又自动打开现象。

【原因分析】

(1)针对螺杆不回位，打开驱动齿轮后部盖板，手动旋动紧固螺杆，将其盘回紧固位置。期间发现，操作时若紧固螺杆不完全伸出到最外端，则不会出现不回位的现象。因此判定，每套5个紧固螺杆和螺柱螺纹没有同时动作，造成动作不同步，甚至是螺纹脱扣，从而不能回位。

(2)液相臂B的QCDC紧固器动作不同步问题，经分析发现是由于液压分配器内部有气体或者是液压不稳定造成。

(3)针对液相臂C的QCDC关闭后再次自动开启，将此紧固部件连同液压马达一同更换到其他快速连接器上，却没有出现紧固后又自动打开的现象。因此判断造成此现象是因为液压分配器压力不均衡或内部流向出现异常。

【措施及建议】

(1)重新更换紧固螺杆和螺柱，并将其配合的根部螺纹削掉部分，使其达到在任何位置都能旋入，螺杆不回位问题解决。

(2)针对卸料臂B紧固器动作不同步问题，对液压分配器进行排气，并对油路是否堵塞、油压管连接是否牢固进行检查，经过逐级排除发现液压油管路在紧急断开的快速接头处有渗油，造成液压油不稳定，从而导致紧固动作不同步。维修处理解决渗油后，问题解决。

（3）针对卸料臂 C 的 QCDC 关闭后自启问题，调整液压分配器压力设定值。将 QCDC 的关闭压力在原设计值的基础上适当提高，基本消除故障。

案例 2   BOG 压缩机入口过滤网堵塞

【事件描述】

目前国内 LNG 接收站根据 BOG 的正常处理流程大致分为两种类型：

类型一（图 2-1-4），站内产生的 BOG 气体汇总于 BOG 总管，之后进入 BOG 缓冲罐；再从 BOG 缓冲罐经 BOG 压缩机入口过滤器进入 BOG 压缩机；BOG 压缩机增压后的 BOG 气体，正常情况下进入再冷凝器回收；若接收站由于某些原因，再冷凝器无法正常使用，则 BOG 压缩机增压后的 BOG 气体进入 BOG 增加机，二次加压后直接外输。

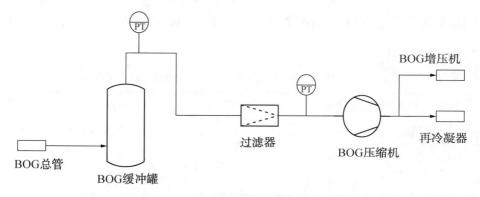

图 2-1-4   LNG 接收站类型一 BOG 处理流程

类型二（图 2-1-5），在类型一处理流程的基础上，增加减温器，以保证 BOG 压缩机入口温度足够低。

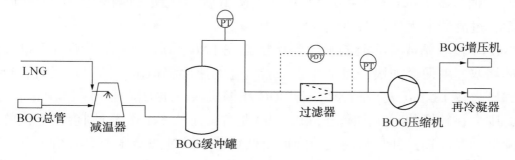

图 2-1-5   LNG 接收站类型二 BOG 处理流程

无减温器的接收站，其BOG压缩机入口温度的高报设定值通常偏高，国内某LNG接收站A属于这种，BOG压缩机入口温度高报值为35℃；增设减温器的接收站，其BOG压缩机入口温度则相对要求较低，如国内某LNG接收站B，当BOG压缩机入口温度高于-100℃，就会自动启动减温器，对BOG进行降温，以保证BOG压缩机入口温度低于-100℃。

不管是否设置了减温器，BOG压缩机入口都设置有过滤器，防止杂质或异物进入BOG压缩机而损坏设备。

LNG接收站A采用类型一，BOG压缩机入口设置了压力表，但未对过滤器设置差压表。其BOG压缩机对入口工艺介质的要求见表2-1-1。

表2-1-1　　BOG压缩机对入口工艺介质要求（类型一）

名称	高报值	高高报值	低报值	低低报值
入口压力，kPa（表）	32	35	4	2
入口温度，℃	35	—	—	—

国内采用类型二的LNG接收站B，其BOG压缩机对入口工艺介质的要求见表2-1-2。

表2-1-2　　BOG压缩机对入口工艺介质要求（类型二）

名称	高报值	高高报值	低报值	低低报值
入口压力，kPa（表）	—	—	2	0.5
入口温度，℃	-100	—	—	—
过滤器压差，kPa（表）	5			

LNG接收站A在二期LNG储罐投用期间，BOG压缩机入口过滤器堵塞非常严重，BOG压缩机入口压力从正常罐压18kPa（表）在2~3h便会降至5kPa（表），而从5kPa（表）则会以更快的速度降低触发联锁，但将过滤器拆卸取下观察，过滤器上无任何杂质。

LNG接收站A正常运行后，每次接卸完LNG船后，BOG压缩机入口过滤器的堵塞速度便会加快，但是并非每船堵塞的速度都恒定。同时还发现，LNG储罐压力在18kPa（表）左右时，若BOG压缩机入口压力降至10~12kPa（表）之后，则会在较短的时间内降至5kPa（表）左右，而从5kPa（表）则会以更快的速度降低触发联锁；并且从高负荷降低至低负荷入口过滤器压力会有所上升，但短时运行后又会降低。

采用类型二的 LNG 接收站 B 同样出现类似的情况。正常情况下，其 BOG
压缩机入口过滤器的压差随压缩机负荷的变动会有一定的波动，但一般在 0~
3kPa（表）。当压差大于 4kPa（表）后，会在短时间迅速上升，导致压缩机入口
压力降低到 2kPa 低报，甚至 0.5kPa（表）联锁停机。该接收站自试运行以后，
多次出现过因过滤器压差增高被迫停运 BOG 压缩机的状况，据统计，一个月
内最多出现了 6 次。

【原因分析】

管道不干净，在运行的过程中，将管道中的杂质带入过滤器堵塞过滤网，
从而导致前后压差高（BOG 入口压力低），介质的通过率低。但是根据经验，
每次过滤器堵塞后，将该 BOG 压缩机停运，静置一段时间后（也可氮气吹扫升
温），再次开启时，压缩机入口过滤器的差压正常且可长时间运行。因此，可
初步排除压缩机入口过滤器是由于固体杂质造成；而极有可能是由于 BOG 管
道中携带有较多的重组分在过滤网上凝聚成液膜，从而导致过滤网堵塞，前后
差压变大。

针对重组分堵塞怀疑，进行如下分析：

（1）正常运行时，BOG 压缩机入口温度为 -135 ~ -120℃，压力为 16 ~
22kPa（表）；卸船时 BOG 温度为 -150 ~ -135℃，压力为 16~22kPa（表）。

（2）针对接收站常规 LNG 组分，分析正常运行 BOG 组分和卸船时 BOG 组
分，并通过专业软件计算其露点，见表 2-1-3。

表 2-1-3　不同 BOG 组分露点

组分	不同情况下各组分含量，%			各组分常压下露点，℃
	LNG	正常 BOG	BOG（模拟接卸船）	
CH_4	91.69	99.3541	94.7516	-162
C_2H_6	4.60	0.0211	2.5742	-89
C_3H_8	2.60	0.0026	1.5304	-42
iC_4H_{10}	0.50	0	0.2663	-1
nC_4H_{10}	0.43	0	0.1966	-12
iC_5H_{12}	0.01	0	0	
nC_5H_{12}	0.00	0	0	
N_2	0.17	0.6143	0.6809	-196
O_2	0.00	0.0079	0	

组分	不同情况下各组分含量，%			各组分常压下露点，℃
	LNG	正常 BOG	BOG（模拟接卸船）	
CO$_2$	0.00	0	0	
小计	100	100	100	
计算露点	−80.82	−161	−89.85	

（3）从表 2-1-3 可以看出：

① 正常运行时，BOG 组分中甲烷含量达到 99% 以上，C$_2$H$_6$ 和 C$_3$H$_8$ 含量也极少，更无 C$_4$；

② 卸船时，BOG 中甲烷含量减少，C$_2$H$_6$，C$_3$H$_8$ 和 C$_4$ 等重组分含量增加；

③ 无论是正常还是卸船，常压下 C$_2$H$_6$，C$_3$H$_8$ 及 C$_4$ 的露点均高于 BOG 压缩机入口温度；

④ 正常运行时，BOG 总管温度（−135～−120℃）高于 BOG 混合气体的饱和露点（−161℃）；卸船时，BOG 总管运行温度（−150～−135℃）低于 BOG 混合气体的饱和露点（−89.85℃）。

（4）因此，可以看出，BOG 气体组分中重组分的增加，导致混合气体的饱和露点升高，而 BOG 总管的运行温度（−135～−120℃）相对较低，这样被带入的重组分很容易在压缩机过滤网表面凝结为液膜，堵塞过滤网，降低工艺气体的通过率，增大了过滤器前后的压差，最终导致压缩机入口压力低。

接收站导致 BOG 气体重组分增加的原因主要有两种：

（1）由于工艺的原因，直接将 LNG 排入 BOG 总管。例如在接卸 LNG 船的过程中，卸料臂预冷及 LNG 进入储罐后产生的重组分 BOG；对 LNG 管道和设备的排液和吹扫等。

（2）储存中的 LNG 的过度气化。如 BOG 压缩机对储罐压力的过度抽取，储罐发生闪蒸或类似闪蒸的操作，带减温器的接收站利用 LNG 对 BOG 降温等。

【措施及建议】

（1）改变卸船时卸料臂预冷方式。在最初的卸料臂预冷方案中，用船上的 LNG 对卸料臂进行预冷后直接排入 BOG 总管，这样低温的 LNG 大量进入了 BOG 总管。改变后的预冷方式是直接采用卸料臂卸船总管旁路进行预冷，冷却卸料臂的 LNG 气液混合物进入卸船总管。

（2）对于第一种类型的 LNG 接收站，投产时可增加临时加热装置，对压缩机入口 BOG 进行升温，在保证压缩机出口与入口温度要求的情况下，尽可能将 BOG 气体温度升至露点温度之上，以防止 BOG 压缩机入口过滤器的快速堵塞，保证 BOG 压缩机的正常运行，以达到尽可能多地回收 BOG 气体的目的。

（3）对于第二种类型的 LNG 接收站，尽量减少启用减温器对压缩机入口 BOG 进行降温。由于 BOG 压缩机入口温度不能高于-100℃，当 BOG 温度高于此温度时，减温器自动喷入 LNG 进行降温，虽然有分液罐，但带入的重组分还是有可能直接在过滤网上形成液膜，这也是导致压缩机入口过滤器压差高的主要原因之一。

要减少启用减温器的次数，需要注意：在发生事故或管线、设备维修的情况下进行 LNG 排液、泄放时，要控制好速度。因为接收站的高压排净和低压排净都是进入 LNG 储罐气相空间，最后进入 BOG 总管，泄放管线更是直接与 BOG 总管相连，快速、大量的高温或高压介质的排放很容易导致压缩机入口温度升高从而启用减温器。

（4）LNG 接收站设计单位，在进行 BOG 压缩机选型时，应更多地考虑选择允许入口温度较高的 BOG 压缩机，如增加了级间冷却的 BOG 压缩机。因为 LNG 接收站 BOG 压缩机通常都为复式两段压缩机，气体经压缩后，温度会有较大幅度的升高，增加级间冷却器，可以放宽压缩机入口温度的限制范围，改善压缩机的可操作性能。

案例3 BOG 压缩机一级排气压力升高

【事件描述】

某 LNG 接收站设置有 3 台 BOG 压缩机，每台压缩机都能在 25%，50%，75% 和 100% 间进行负荷调节（图 2-1-6）。负荷调节是通过一级和二级曲轴侧的可控吸气阀和余隙调控阀来完成，具体为：25%，可控吸气阀和余隙调控阀共同做功减负荷；50%，可控吸气阀做功减负荷，余隙调控阀不做功负荷；75%，可控吸气阀不做功增负荷，余隙调控阀做功减小荷；100%，可控吸气阀和余隙调控阀都不做功增负荷（图 2-1-7）。

当可控吸气阀做功减负荷时，动力氮气给出压力，保持可控吸气阀一直开启，当活塞向下运动时，将曲轴侧气缸内的 BOG 排至吸取侧，从而降低压缩机负荷；余隙调控阀做功减负荷则是增加余隙容积，减小缸盖侧气缸容积来降低压缩机负荷。

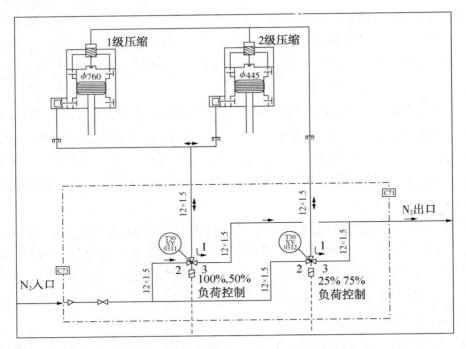

图 2-1-6　BOG 压缩机负荷调节原理图 1

负荷	XY1300311	XY1300312
100%	D	D
75%	D	E
50%	E	D
25%	E	E

E—增加负荷；
D—减少负荷

图 2-1-7　负荷控制表

　　某 LNG 接收站 BOG 压缩机 A 在 100% 负荷且无任何操作的情况下，一级出口压力突然升高，由 230kPa 升高到 270kPa；一级出口温度由 −78℃ 升高至 −45℃；二级出口温度由 5℃ 升高 30℃。其他参数变化并不明显。

【原因分析】

　　（1）根据一级出口压力的变化，基本可以确定是由于二级压缩机构出现故障。因为如果是一级压缩机机构故障，正常会导致一级出口压力降低。如，一级吸气阀故障，在活塞做功的过程中会将气缸内的压缩机气体反串回一级入口，从而导致一级出口压力降低；若一级排气阀故障，则在活塞吸气气缸压力减小的过程中，出口已经被压缩的 BOG 会反串回气缸，降低出口压力。而如果是二级故障，则由于二级吸气量的减少，导致一级出口压力升高。

（2）基本确定二级机构故障后，采取进一步的措施，尽量缩小故障的判断范围，因此增启另一台 BOG 压缩机 B。

① 将 BOG 压缩机 B 负荷调节至 100%，运行参数基本与 BOG 压缩机 A 故障前一致，说明 BOG 压缩机 B 正常，可作为对比参考。

② 将 BOG 压缩机机 A/B 负荷均调整至 75%对余隙调控阀初步检测。两台都在 75% 负荷时，发现 BOG 压缩机 A 运行参数与 BOG 压缩机 B 仍然相差较大，说明余隙调控阀故障的概率相对较小。因为 75% 是通过余隙调控阀调节缸盖侧气缸容积来控制负荷，故障仍存在，说明余隙调控阀对故障的影响较小。

③ 将 BOG 压缩机 A/B 负荷均调节至 50%负荷对可控吸气阀初步检测。发现两台压缩机运行参数基本接近，由于断定二级可控吸气阀故障的概率非常高。因为 50% 负荷是通过调节可控吸气阀的动作来调节负荷的。在 50% 负荷时，二级曲轴侧气缸，活塞向下运动做功时，会将气缸内的气体返回至二级入口，此时不管二级可控吸气阀是否因故障而漏气，都不会对 50% 负荷产生影响。

【措施及建议】

（1）停止 BOG 压缩机 A，对其进行隔离吹扫。合格后，首先对该 BOG 压缩机的二级可控吸气阀进行检查，发现其确实存在故障；同时对二级气缸其他部件进行检查，未发现故障。

（2）更换二级可控吸气阀，重新启动测试，BOG 压缩机 B 一级出口压力、温度和二级出口温度均恢复正常。

（3）操作员应对 BOG 压缩机正常运行的各项参数值非常敏感，当异常参数值出现时可以快速发现，防止设备的二次损坏。

案例 4 BOG 压缩机润滑泵无法正常启动

【事件描述】

某 LNG 接收站 BOG 压缩机为 Burckhardt 公司所提供的立式往复式压缩机。为了保证压缩的正常运行，每台压缩机均设置了润滑油系统，确保对压缩机轴承和十字头的充分润滑。

滑油辅助油泵在 BOG 压缩机启动前，需要首先启动，为压缩机提供预润滑。预润滑完成后，BOG 压缩机启动，由曲轴驱动的齿轮泵为 BOG 压缩机提供润滑，辅助油泵自动停止（图 2-1-8）。润滑系统配有电加热器。当润滑油温度低时，电加热器启动，为润滑油升温(图2-1-9)。

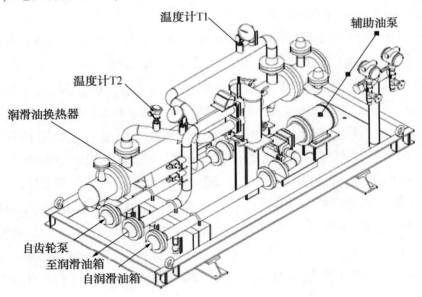

图 2-1-8　润滑油站

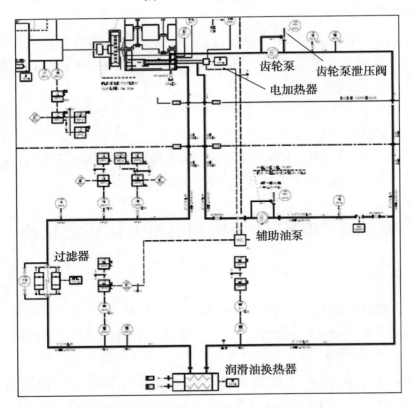

图 2-1-9　润滑油系统流程简图

润滑油换热器提供冷却水与润滑油间的换热。换热器下游安装有温度计T2。在压缩机停运状态下，当T2检测到油温低于15℃时，润滑油辅助油泵和电加热器自动启动，当油温达到20℃时，辅助油泵和电加热器自动停止。

压缩机主机正常启动前，必须首先进行预润滑，即必须首先启动润滑油泵，若润滑油泵无法启动，则主机也无法启动。

润滑油换热器所需的冷却水，由BOG压缩机系统的冷却水站统一提供，冷却水系统如图2-1-10所示。进入压缩机冷却水的温度，主要由三通控制阀、电加热器、空冷器和控制阀出口温度变送器TI控制。具体控制方式见表2-1-4。

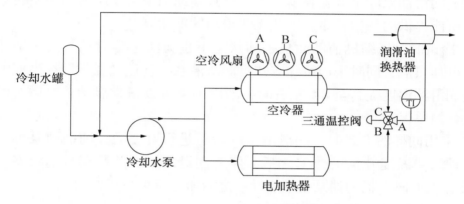

图2-1-10 冷却水系统简图

表2-1-4 三通温控阀控制方式

设定温度32℃混合后温度	C到A三通温控阀	B到A三通温控阀	电加热器	空冷器—空冷风扇	
				A/B	C
<20	closed	open	on	off	off
20~27	closed	open	off	off	off
27~35	partially open	partially open	off	off	off
>35	open	closed	off	on	off
达到40	open	closed	off	on	on

某LNG接收站在BOG压缩机试车阶段发现，BOG压缩机无法正常启动。通过对启动步骤逐步排查，发现预启动阶段，润滑油辅助油泵并不能正常启动。同时在BOG压缩机停机状态下，当润滑油换热器出口温度低于15℃时，润滑油泵也不能正常启动。

【原因分析】

（1）排查控制系统是否存在故障。

① 仪表工程师对润滑油系统控制逻辑进行检查测试，发现各种信号均能正常传送。且模拟时，当将温度值给定为14℃，启动润滑辅助油泵的命令已经正常发出。

② 将压缩机润滑油辅助油泵采用手动模式，发现辅助油泵仍然无法启动。

③ 电气工程师检测辅助油泵的电气设备均正常。

因此，基本排除是由于控制系统故障导致辅助油泵无法正常启动。

（2）润滑油温度过低，黏度增大，导致辅助油泵启动所需的初始转矩大于电动机所能提供的初始转矩，因此无法启动辅助油泵。

① 冷试时，压缩机辅助油泵手动状态下也无法正常启动。接收站通过手动启动电加热器，同时采用特殊方式对润滑油系统管道升温，以提高润滑油温度，当润滑油温度提高至8℃左右时，辅助油泵可以正常启动。之后对润滑油系统进行简单保冷。

② 采用同样的方式时，润滑油系统管道进行升温后，辅助油泵可以正常手动启动。待温度升至15.5℃之后，停止润滑油泵，并切至自动状态；待温度降低至15℃时，辅助油泵自动启动。之后压缩机可以正常启动。

（3）润滑油温度降低的原因。

① 某LNG接收站冬季环境温度低（运行以来，最低可达−15℃左右），虽然冷却水系统三通温控阀可以基本控制其出口温度不低于20℃；当由于冷却水系统布置在并排三台压缩机一侧。冷却水从冷却水站至压缩机润滑油换热器有较长的一段管路，从水站流至换热器途中，散热严重。因此，经换热器的润滑油温度会下降较多。

② 冷却水系统加热器功率不足。经核算符合设计所选用的50kW的加热器满足要求；加热器实际工作时，电流值为75.9A，符合电加热器功率要求。

③ 润滑油电加热器功率不足。经核算符合设计所选用的1.5kW的加热器满足要求；润滑油电加热器工作时，电流值为2.276A，符合要求。环境温度为−21.1℃时，压缩机机体散热量为电加热器功率的1/3。

④ 冷却水系统与润滑油系统管道设计不合理，没有进行保温设计。管道在较低的环境温度中散热快速，导致润滑油温度降低。虽然压缩机冷试阶段对压缩机冷却水系统与润滑油系统作了临时保温，但因临时保温层施工不规范及没有保护层，同时因管道系统中法兰及阀门没有保温，造成管道系统保温失效。

【措施及建议】

（1）将 BOG 压缩机冷却水系统及润滑油系统所有管线的临时保温拆除，同时进行规程保温。材料：保温层选用 25mm 发泡丁腈橡胶，外部保护层采用 0.5mm 镀铝钢板。大连 LNG 接收站辅助油泵由于温度无法启动的问题得以解决（图 2-1-11）。

图 2-1-11 现场保温

（2）环境温度较低的冬季，即使压缩机停运（特别是投产阶段），也应保持冷却水系统正常运行，同时加强对润滑油系统的关注。

（3）BOG 压缩机润滑油和冷却水系统施工阶段，应该对相应管线实施规范保冷措施。同时建议，对于润滑油系统尽量不要采用增设伴热带的方式，因为伴热带使用年限长后，可能出现氧化掉皮，甚至短路的风险，若此时润滑油泄漏，则存在着火等风险。

（4）设计人员在进行 BOG 压缩机润滑油和冷却水系统设计时，应该考虑冬季环境温度低的因素（尤其是北方 LNG 接收站），选用功率偏高的电加热器；同时考虑保温。

案例5 BOG 压缩机润滑系统噪声振动

【事件描述】

某 LNG 接收站 BOG 压缩机为 Burckhardt 公司所提供的立式往复式压缩机。为了保证压缩的正常运行，每台压缩机均设置了润滑油系统，确保对压缩机轴承和十字头的充分润滑。

　　BOG 压缩机主机启动前，首先需要启动滑油辅助油泵，对 BOG 压缩机进行预润滑。预润滑完成后，BOG 压缩机主机启动，由曲轴驱动的齿轮泵为 BOG 压缩机提供润滑，齿轮泵启动延时 30s 后，辅助油泵自动停止。

　　某 LNG 接收站在 BOG 压缩机试车阶段发现，BOG 压缩机启动后，润滑油系统出现噪声较大，且伴随着非正常振动。

【原因分析】

　　(1) 压缩机主机振动过大，带着与之连接的润滑油系统一同振动。从压缩机机体自带的振动探测仪观察，振动探测器并未出现报警；同时，现场使用手持测振仪对压缩机进行振动测试，也未发现异常。基本排除是由于压缩机启动时主机振动大，造成润滑油系统振动异常。

　　(2) 润滑油系统与压缩机主机产生共振，发生异常振动和噪声。由于共振问题分析难度大，且需要进行较为精确的计算，才能确定防振阻尼器安装的数量和位置等。因此试车组及厂商人员建议，先排除其他原因后，再考虑共振因素。

　　(3) 润滑油内含杂质较多，造成润滑油系统管线中出现循环不畅的现象。首先检查润滑油系统上的过滤器，发现过滤器前后压差正常，且过滤器内无杂质；同时对润滑油清洁度进行检查，发现润滑油干净、清洁。

　　(4) 齿轮泵和辅助油泵出口压力造成润滑油系统振动及噪声大。

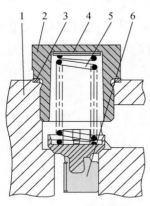

图 2-1-12　齿轮泵
出口泄压阀

1—齿轮油泵；2—螺塞；
3—衬垫；4—垫圈；
5—弹簧；6—阀体

　　① 通过对异常振动及噪声时段进行确认，发现异常振动及噪声发生在 BOG 压缩机启动后，齿轮泵和辅助油泵共同运行的 30s 左右，当辅助油泵停止后，振动和噪声基本恢复正常。因此可以初步断定是由于两泵共同运行所导致的振动及噪声。

　　② 对润滑油系统厂商文件进行研究，认为可以增减齿轮泵出口的泄压阀(图 2-1-12)弹簧上方的垫片数量来调节其出口压力。

　　③ 当前，即振动和噪声异常情况下，齿轮泵单独运行时汇管压力为 0.5~0.51MPa(表)，辅助油泵单独运行时，压力为 0.45~0.46MPa(表)。

　　④ 压缩机预润滑时，辅助油泵启动，汇管处的压力为 0.45~0.46MPa(表)；预润滑完成后，压缩机主机启动，同时齿轮泵也启动，此时齿轮泵出口压力比辅助油

泵正常出口压力高出 0.05MPa(表)。因此可能导致辅助油泵出口憋压,引起噪声和振动。

【措施及建议】

(1)减少齿轮泵出口泄压阀垫片的数量,将齿轮泵出口压力调节至 0.465~0.47MPa(表)。使齿轮泵出口压力略高于辅助油泵出口压力。之后进行 BOG 压缩机启动测试,当预润滑完成后,齿轮泵启动直至辅助油泵停止,未出现异常振动及噪声;同时辅助油泵停止后,润滑油系统仍然正常运行。

(2)虽然各接收站 BOG 压缩机及其润滑油系统安装各异,但当出现类似振动、噪声时,可通过调节齿轮泵出口泄压阀的弹簧垫片数量,来调节齿轮泵的出口压力的高低。

(3)当压缩机停运时,应按照厂商文件要求,定期对压缩机辅助油泵进行盘车(如每两周盘车一次)。

案例6 再冷凝器旁路控制阀不稳定

【事件描述】

某 LNG 接收站再冷凝器旁路压力控制,采用一个 14in 的蝶阀和 6in 的截止阀通过 PID 分程控制器进行控制(图 2-1-13)。

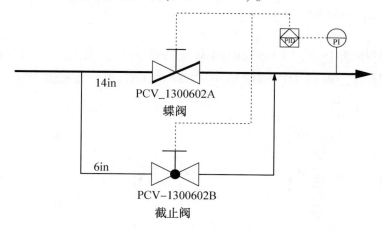

图 2-1-13 再冷凝器旁路压力控制

按正常设计分程控制,实现两阀共同调节,达到自动控制的有限控制策略。但大连 LNG 接收站在使用此控制时,出现了以下问题:

(1)外输量大时,再冷凝器盘路压力控制不稳定,波动较大;尤其流量超过 PCV_1300602B 的全开流量233t/h后，PCV_1300602A 阀门开度在9%～12%时(气化外输流量在 $1200\times10^4\sim1300\times10^4 m^3/d$；分程控制器 OP 输出值在38%～42%)，波动更难以控制，即使通过手动调节也较难快速稳定此压力。

（2）槽车装车时低压输出总管压力波动大，造成在大流量外输时，PCV_1300602A阀门的频繁调节，更是加大了控制的难度。

【原因分析】

（1）阀门典型开度与流量理想特性曲线如图 2-1-14 所示。

（2）经实际测试和对阀门设计文件查询，PCV_1300602A/B 分程控制，控制器 OP 输出值与阀门对应开度关系如图 2-1-15 所示；同时推断 PCV_1300602B阀流量特性为百分比型，而 PCV_1300602A 更接近于快开型。

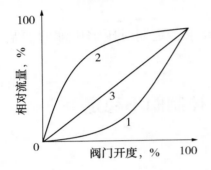

图 2-1-14   阀门典型开度与
流量理想特性曲线
1—百分比型；2—快开型；3—直线型

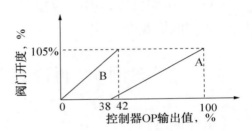

图 2-1-15   分程控制 OP 输出值
与阀门开度关系曲线

（3）同时推断 PCV_1300602B 阀流量特性为百分比型，而 PCV_1300602A 更接近于快开型，则在 OP 输出值0～100%范围内，流量变化百分比曲线如图 2-1-16所示。

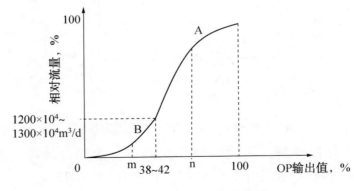

图 2-1-16   流量百分比曲线

（4）根据上述分析可知，外输流量在 $1200 \times 10^4 \sim 1300 \times 10^4 \mathrm{m}^3 / \mathrm{d}$ 时，再冷凝器旁路分程控制刚好在 PCV_1300602B 全开附近和 PCV_1300602A 阀初始开启附近，因此流量调节不稳定；同时由于 PCV_1300602A 阀为快开型蝶阀，且尺寸较大，无法满足较小流量的调节。因此，当外输量大时，控制难度较大。

【措施及建议】

（1）结合图 2-1-16，由于 PCV_1300602A 阀尺寸为 14in，PCV_1300602B 阀为 6in，B 阀为等百分比型，A 阀为快开型，那么：

B 阀的 0—m 段，最适合用于高精度微调，以保证再冷凝器底部压力稳定；

B 阀的 m—42 段，可用于正常压力调节（流量）；也可用于较高精度的底部压力调节；

A 阀的 38—n 段，可用于大流量的调节；

A 阀的 n—100 段，可用于较大流量调节。

因此，某 LNG 接收站采用：A 手动阀定流量，B 阀自动调流量的策略进行控制系统变更，如图 2-1-17 所示。

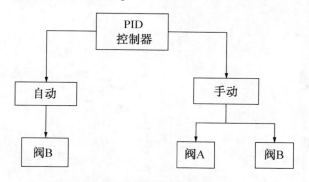

图 2-1-17 修改后的控制方式

（2）取消 PID 控制器的分程控制，改为单回路控制，即将 PCV_1300602A 完全从控制逻辑中摘出来，改为完全手动控制；控制器单独回路控制 PCV_1300602B。

（3）在大外输时，将 PCV_1300602A 手动调至 20% 开度以上。具体开度根据 PCV_1300602B 阀高精度自动调节范围而定，根据实测 PCV_1300602B 阀在 30%~80% 开度范围控制特性较好，而对应的流量为 50~180t/h，因此，在此范围内可将 PCV_1300602B 阀投为自动。

（4）设计阶段，再冷凝器旁路压力调节阀选型时，应选择更适合流量调节用的百分比型阀门，方便再冷凝器旁路压力的分程自动控制。

案例 7　BOG 增压机管线开裂

【事件描述】

考虑到 LNG 接收站会因为各种原因停止气化外输，一旦气化外输停止，站内产生的 BOG 气体就无法使用再冷凝器回收，为了保证储罐及 BOG 管线压力的正常，不得不将 BOG 气体通过火炬系统燃烧处理，造成极大的浪费。因此，某 LNG 接收站在原设计的基础上增设了一台 BOG 增压压缩机（简称 BOG 增压机），用于将 BOG 压缩机出口的 0.7MPa（表）左右的 BOG 气体进行二次增压，直接输入气化外输管网。

BOG 增压机安装完毕，试运行阶段发现 BOG 增压机一级吸入口缓冲罐进料管线竖直管段的固定管焊接处存在 BOG 泄漏（图 2-1-18），通过停机检查，发现固定管与进料管线的焊接处存在 72mm 长的贯穿性裂纹（图 2-1-19）。

图 2-1-18　BOG 增压机一级吸入口缓冲罐
进料管线竖直管段泄漏

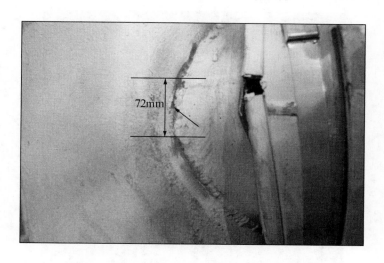

72mm

图 2-1-19   固定管与进料管线焊接处贯穿性裂纹

【原因分析】

（1）BOG 增压机机体在运行产生较大的振动（人员站在 BOG 增压机平台上，都能感觉较为强烈的振动感），同时带着进料管线竖直管段一起振动。竖直管段振动过程中，由于焊接固定管的约束，使得竖直管段在某个方向的应力无法得到释放，并不断积累超过管段材质的机械强度，最后导致开裂，形成裂纹。

（2）图 2-1-20（a）是焊接固定管与竖直管道的现场安装照片图。图 2-1-20（b）为俯视图，图 2-1-20（c）为正视图，从图中可以看出，固定管和管托在 x 轴和 y 轴方向对垂直管段部分约束，垂直管段可在 x 轴和 y 轴正反方向规定范围内运动；固定管和管托在 z 轴正方向未对垂直管段进行约束，但当垂直管段由于振动向 z 轴正方向运动时，在焊接点会受到固定管和管托重力而产生的力和力矩；而固定管和管托在 z 轴反方向对垂直管段进行绝对约束，当垂直管段由于振动而产生向下运动的趋势时，固定管和管托在焊接点给予垂直管段一 z 轴正方向的力。

（3）垂直管段向上运动时，其表面焊接点受力如图 2-1-21（a）所示；有向下运动趋势时，表面焊接点受力如图 2-1-21（b）所示。当力 F 或力矩 M 长期作用于垂直管段焊接点，逐渐积累，最终其产生的应力大于垂直管道材质的机械强度时，便产生了裂纹。

（a）

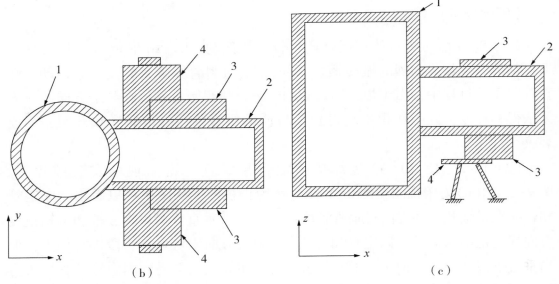

（b）   （c）

图 2-1-20　焊接固定管与竖直管段安装图（a）与俯视图（b）和正视图（c）

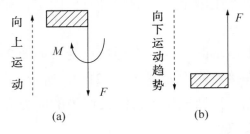

图 2-1-21　垂直管段焊接点受力分析图

【措施及建议】

（1）由于固定管在 z 轴（垂直方向）方向给予了垂直管段较大的约束力，使其在垂直方向振动时，其产生的应力无法有效释放，从而对垂直管段进行重新设计约束，将垂直方向的约束解除，同时在水平方向上的约束采用环形套，并在环形套内圈加设橡胶垫，防止垂直管道与金属环形套直接碰撞（图 2-1-22）。

图 2-1-22　垂直管段重新设计后的约束

（2）对振动较大设备的配套管线进行固定约束时，应考虑管道 6 个自由度方向的应力释放。

（3）对振动较大的设备，操作员在巡检时，应加强对管线开裂情况的关注。

案例 8　BOG 增压机气阀故障

【事件描述】

图 2-1-23 为 BOG 增压机的流程简图。经 BOG 压缩机压缩后的 BOG 气体，进入一级入口缓存罐，之后分两路进入一级压缩气缸 A 和气缸 B，一级压缩后分别进入各自的一级出口缓存罐 A/B，缓存罐 A/B 内的 BOG 气体在其出口管线汇合，经一级出口风冷降温后进入二级入口缓存罐；二级入口缓存罐内的 BOG 经二级压缩后进入二级出口缓存罐，二级出口缓存罐内的 BOG 气体经二级出口风冷降温后进入三级入口缓存罐；三级入口缓存罐内的 BOG 经三级压缩后进入三级出口缓存罐，三级出口缓存罐内的 BOG 气体经三级出口风冷

降温后输送至气化外输总管。

BOG 增压机一级压缩气缸 A/B 设置了 4 个吸气阀和 4 个排气阀；二级压缩气缸和三级压缩气缸则设置了两个吸气阀和两个排气阀。

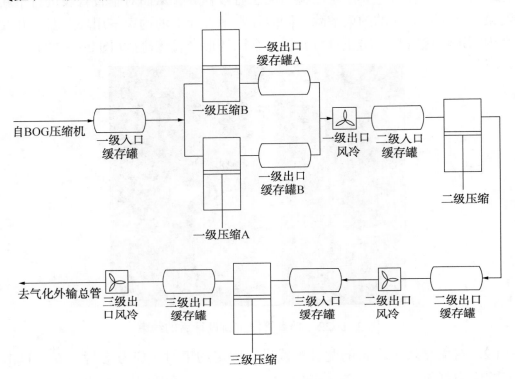

图 2-1-23   BOG 增压机流程简图

BOG 增压机调试运行阶段，启动后运行正常，一级入口缓存罐内 BOG 温度为 5℃，一级出口缓存罐 A/B 内 BOG 温度分别为 96.93℃ 和 96.76℃；经风冷后，二级入口缓存罐内介质温度为 26.53℃，二级出口缓存罐内介质温度为 82.64℃；经风冷后三级入口缓存罐内介质温度为 26.85℃，三级出口缓存罐温度为 59.14℃；一级压缩比约为 2.89，二级压缩比约为 1.9，三级压缩比约为 1.49。

突然，一级压缩比明显下降，一级出口缓存罐 A 介质温度上升至 115℃，一级出口缓存罐 B 介质温度略微上升；二级入口缓存罐温度有较小幅度上升，二级压缩比有所上升；三级变化并不是太明显。

【原因分析】

(1) 一级压缩比下降，首先查看一级压缩出入口压力，发现一级入口压力并无明显变化，一级出口压力明显下降。因此，造成一级压缩比下降。而一级出口压力下降，则二级气阀出问题的概率较低。

（2）一级出口缓存罐 A 温度上升明显，检查发现，一级入口介质温度并未明显变化，说明一级入口气阀故障的概率较低。

（3）二级入口缓存罐温度小幅上升，主要是因为一级出口介质温度升高，虽然介质经一级风冷降温，但温度却很难降低至正常时的温度，若是二级入口气阀故障，则必然会导致二级入口缓存罐温度大幅上升，因此初步排除二级压缩吸气阀故障。相同的道理，如果二级排气阀故障，虽然会对一级压缩有一定影响，但更会造成二级排气温度的大幅上涨。实际中二级出口缓存罐温度并未大幅上涨，因此初步排除二级排气阀故障。

（4）通过以上分析排除，则推断很大的概率是由于一级压缩 A 排气阀故障。若一级排气阀故障造成漏气，则在一级压缩 A 气缸吸气时，出口缓存罐内的高温气体会被反吸入一级压缩气缸，在气缸排气时又被排出。如此循环往复，则一级出口缓存罐内介质温度就会不断升高，最终达到平衡。

【措施及建议】

（1）停止 BOG 增压机，与调度中心联系，请求恢复气化外输。并对增压机进行隔离吹扫。合格后，对 BOG 增压机一级压缩 A 的 4 个排气阀进行检查，发现有两个排气阀故障，其他部件未发现异常。

（2）更换一级吸气阀，重新启动增压机测试，一级出口压力、温度和其他参数均恢复正常。

（3）操作员应对设备正常运行的各项参数值非常敏感，当异常参数值出现时可以快速发现，防止设备的二次损坏。

案例 9　首台高压泵启动后联锁跳车

【事件描述】

LNG 接收站设置再冷凝器的作用通常为：（1）冷凝站内运行所产生的 BOG 气体；（2）作为高压泵入口缓冲罐，保证其入口压力的稳定。图 2-1-24 为大连 LNG 接收站冷凝—增压流程简图。正常运行时，低压输出总管内的 LNG 一部分进入再冷凝凝器，冷凝来自 BOG 压缩机加压过的 BOG，冷凝后混合液与再冷凝器旁路的另一部分 LNG 混合后进入高压泵。为了避免高压泵入口 LNG 温度过高，在低压输出总管高压泵入口汇管处设置压力表和温度计，通过压力和温度计算高压泵入口处 LNG 的饱和蒸气压差，当此值为 0.1MPa（表）时，产生报警，若此值继续减小值 0.05MPa（表），则联锁高压泵停车。

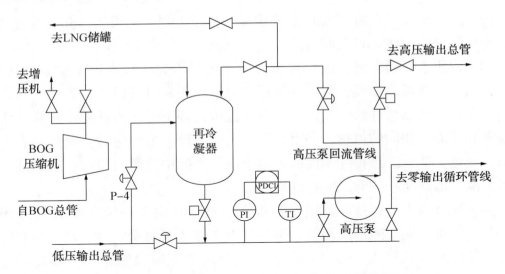

图 2-1-24   大连 LNG 接收站冷凝—增压流程简图

同时为了避免高压泵流量 LNG 至 LNG 储罐，按照设计意图，LNG 接收站将高压泵回流至 LNG 储罐的阀门关闭，开启高压泵回流至再冷凝器的阀门。

当接收站无气化外输时，则开启高压泵系统旁路管线，低压输出总管的 LNG 通过零输出循环管线对接收站内的低温管线进行保冷。

接到调度中心通知，LNG 接收站恢复气化外输。在恢复气化外输的过程中，首先停止零输出循环，然后启动高压泵和气化器（ORV/SCV），最后将 BOG 气体从 BOG 增压机切换至再冷凝器。

按照正常流程，全开高压泵最小回流控制阀，并启动高泵。之后高压泵运行大约 5min 后由于联锁停车。

【原因分析】

（1）联锁原因排查。

① 与此操作有关且能引起高压泵联锁跳车的原因有：高压泵出口流量低低，高压泵仪表、电缆穿线管压力异常，再冷凝器液位低低，高压泵泵井液位低低和高压泵入口汇管饱和蒸气压差低低。

② 通过查询运行曲线和报警、事件记录，出口流量、穿线管压力、再冷凝器液位均正常；但在高压泵启动不久，高压泵液位有所波动，但未降低至联锁值；饱和蒸气压差首先出现低报警，之后很快降低至低低联锁值 0.05MPa（表），导致高压泵停车。

（2）饱和蒸气压差出现低低联锁值原因。

① 冷凝 BOG 所需的 LNG 流量过低，同时再冷凝器旁路 LNG 流量也过

少。但是在此过程中，并没有 BOG 气体进入再冷凝器冷凝，因此排除此种可能。

② 高压泵启动时，其较高温度的 LNG 由回流管线回流至再冷凝器，引起高压泵汇流管线内 LNG 温度升高，最后导致饱和压差低低联锁跳车。

③ 高压泵启动 5min 后，高压泵回流管线并未完全关闭，还有 70% 的开度。原因是，正在投用的 ORV 入口 FCV 开度较小（因为 ORV 厂商文件要求，每分钟 ORV 的 LNG 增加量不应该超过规定值，而且此 FCV 在小开度时流量变化不敏感，当开度到达一定值时又会出现流量的瞬间增大，因此在调节时都比较谨慎），较多的高温 LNG 从高压泵回流线返回至再冷凝器。

【措施及建议】

（1）关闭高压泵入口手动阀门，开启高压泵系统旁路管线上的手动阀，使温度较高 LNG 从零输出循环管线回流至 LNG 储罐，以降低高压泵入口留存的高温 LNG。

（2）高压泵启动时，通过开启高压输出总管末端与高压排净管线连接的零输出循环阀门。当气化器 ORV 的 FCV 开度较小时，高压泵出口的 LNG 可以通过高压排净管线回流至 LNG 储罐，以保证回流管线上的控制阀自动快速关闭，尽量减少回流至再冷凝器的时间和高温 LNG 量。

（3）将高压泵回流管线从回流至再冷凝器，更改为回流至 LNG 储罐。

（4）从设计角度考虑，高压泵出口 LNG 回流至再冷凝器确实可以稍微降低 BOG 的产生量，降低能耗，但从整体接收站 BOG 的产生量来看，高压泵间隙性短时启动所产生的 BOG 量确实太少；同时考虑到回流管线内的 LNG 进入再冷凝器所带来的风险，可能造成高压泵的损坏。因此，建议 LNG 接收站在实际运行时，可以考虑将高压泵回流管线的 LNG 直接回流至 LNG 储罐。

案例 10　高压泵入口过滤网堵塞

【事件描述】

LNG 接收站设置 7 台高压泵。为了防止杂质进入高压泵，损坏机泵，在每台高压泵入口均安装一台 100 目的过滤网。高压泵入口汇管处（即再冷凝器出口与其旁路管线汇管处）装设压力表 PI1，用于监测汇管处压力；每台高压泵入口（过滤网后）设置压力表（PIA—PIF），用于监测高压泵入口压力；同时给每台高压泵入口过滤网增设前后差压表(PDIA—PDIF),用于监测过滤网压差,判断过滤网是否堵塞。图2-1-25为过滤器安装流程简图。

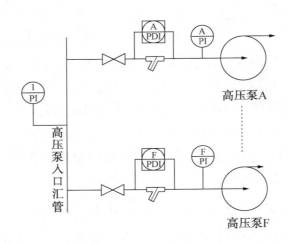

图2-1-25   过滤器安装流程简图

实际运行中,高压泵入口过滤网经常出现堵塞,但由于压差表量程限制(10kPa),无法通过其判断过滤网堵塞的情况,而是通过高压泵入口汇管处压力表与高压泵入口处压力表的数值差来确定过滤网堵塞的程度。就大连LNG接收站而言,当此两表的差值达到25~30kPa时,就需要清理过滤网。具体表现为:(1)冬季气化外输量较大,单台高压泵流量大时,过滤网堵塞的频率增加;(2)LNG储罐液位较低时,过滤网堵塞的频率也增加。

【原因分析】

(1)堵塞物质分析。

① 高压泵入口过滤网堵塞之后,首先需要停止高压泵,然后对此高压泵的配套管线阀门进行隔离、排液、吹扫和氮气置换,当温度及甲烷含量合格后,拆除过滤网底端盲板,取出过滤网。发现里面有大量的灰色絮状物和少量的白色碎纸屑及类水溶纸物质。经分析灰色絮状物为保冷玻璃纤维(图2-1-26),白色碎纸屑为铝掉顶保护膜,类水溶纸物质为水溶纸。

图2-1-26   灰色絮状物

② 保冷玻璃纤维在施工过程中,去除其表面的保护套,进行逐层铺设;铺设过程中导致絮状物漂浮在穹顶内,投产后,随着BOG压缩机的启动,漂浮在穹顶内的

絮状物，通过铝吊顶与内罐的缝隙、储罐的呼吸孔进入内罐，并沉淀在LNG液表。铝吊顶的白色保护膜纸在施工中未彻底清除，储罐运行中不断剥落，漂浮在LNG液表；由于LNG接收站大多数阀门都为焊接，施工过程中使用大量的水溶纸；管道清理时难免会有留存，最后经循环管线进入LNG储罐。

③ LNG液表的杂质，会随着管内介质的对流、重组分的下沉混合等原因，部分地混合在LNG介质中，伴随低压泵运行，随着LNG被带入LNG管道内，最终吸附在高压泵入口过滤网上。

（2）堵塞频率增加分析。

① 冬季气化外输量较大时，单台高压泵流量也大。而混合在LNG液体中单位时间内被带出的杂质也增加，因此，单位时间内在过滤网上吸附的杂质也增多，即表现高压泵入口过滤网堵塞清理的频率增加。

② LNG储罐液位较低时，集聚漂浮在LNG液表的杂质，会被LNG低压泵抽吸，导致低压泵出口LNG中单位体积内的杂质含量增加，因此，单位时间内在过滤网上吸附杂质增多，最后也表现为高压泵入口过滤网堵塞清理的频率增加。

【措施及建议】

（1）LNG储罐施工阶段，保冷玻璃纤维铺设时，可不去除其保护套，直接铺设，防止絮状物漂浮在穹顶内；也可封住吸入口后，去除保护套进行铺设，铺设完成后，对穹顶进行吸尘处理，尽可能去除漂浮絮状物，最后才封罐。

（2）LNG储罐铝掉顶的每个铝掉板都必须将保护膜纸去除干净，同时管道施工时也应将水溶纸排净，同时将焊渣等清理干净。

（3）由于当前高压泵过滤网的设计方式，每次清理时都必须将此高压泵的配套管线、阀门进行隔离、排液、吹扫置换、升温；清理完后有需要进行预冷。不仅耗费时间长，工作量大，而且多次的升温、降温，对泵和阀门也是不利的，因此建议，在低压泵出口安装过滤网，首先进行过滤（清理时无需对泵升温，国内某LNG接收站采用此方式）；或对高压泵增加一路备用过滤网，清理时只需对过滤网所在管段进行处理，便能清理过滤网。

（4）对已投产，很难改进的接收站，在实际运行时，可保持LNG储罐在较高液位运行低压泵，以降低过滤网堵塞的频率。

（5）对应冬季外输量较大时，接收站应该针对过滤网堵塞频繁制订一套高压泵运行策略，防止多个高压泵同时堵塞，而影响正常外输。

案例11 高压泵泵井液位波动1

【事件描述】

LNG 接收站设置 7 台高压泵,其相关流程简图如图 2-1-27 所示。为了监测高压泵入口 LNG 压力,在高压泵入口管线处设置了压力表(PIA—PIF);同时在高压泵出口处设置温度计(TIA—TIF)用于监测出口温度。高压泵入口 LNG 取至低压输出总管,并为了给高压泵提供入口 LNG 缓冲和冷凝站内运行产生的 BOG 气体,设置了再冷凝器。为了保证高压泵入口 LNG 温度在其泡点之上,再冷凝器出口与其旁路的汇管处设置了温度计(TI1)和压力表(PI1),并计算饱和蒸气压力差(PDI)。

就 LNG 接收站设计而言,当此饱和蒸气压差值为 0.1MPa 时,产生报警;当此压差值降低至 0.05MPa 时,联锁停止高压泵。

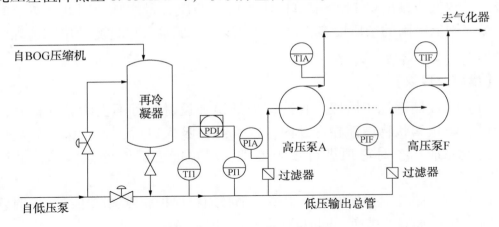

图 2-1-27 高压泵流程简图

实际运行中,尤其是接收站气化外输量为 $400×10^4 m^3/d$ 时,当压缩机负荷增加,但饱和蒸气压差并未到达 0.1MPa 时,高压泵井液位就会出现波动。一旦有小的扰动(如装车造成),高压泵液位波动就会增大,再冷凝器也会比较难以控制。

【原因分析】

(1) LNG 接收站高压泵为潜液式低温泵,其结构简图如图 2-1-28 所示。LNG 从泵井顶端的入口进入泵井;LNG 通过底端诱导轮进入高压泵泵体,经过泵体内叶轮加压提升 LNG 进入上部电动机外汇管,最后从泵出口输送至下游管线。同时为了监测泵井内不同位置的温度,分别在井外壁下轴承处、泵体半高处、中轴承处和上轴承处各安装一温度计。

（2）接收站气化外输量减小，但正常运行产生的BOG量几乎不变，为了完全吸收BOG，防止BOG火炬燃烧排放，则再冷凝器出口与其旁路的汇管处LNG温度必然会升高，虽然仍低于介质压力下的泡点温度，饱和蒸气压差也未产生报警。但是高压泵电动机和泵体运行产生的热量都需要工艺介质LNG来吸收，若高压泵本身在较小流量运行，同时入口管道内LNG温度又接近泡点温度，则很可能出现泵井内LNG气化。一旦泵井内存在气体，必要会导致泵井液位的波动，同时高压泵噪声、振动可能也会加大，甚至造成高压泵汽蚀。

（3）泵井内热量传递过程分析(图2-1-29)。

① 高压泵停止时，泵井内LNG、泵体、汇管和电动机温度基本相同，TI1—TI4的数值基本相同。

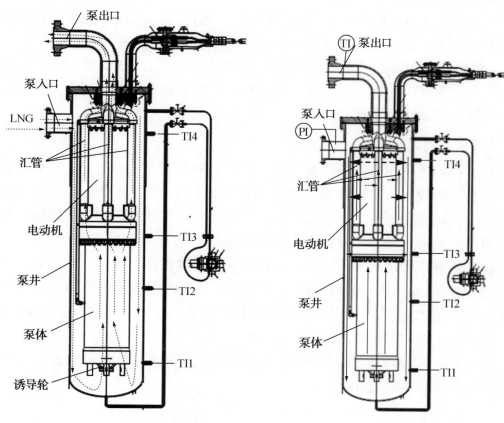

图2-1-28　高压泵结构简图　　　　图2-1-29　高压泵运行传热

② 高压泵运行时，在电动机高度部分，电动机温度最高，汇管内经加压的LNG温度次之，泵井内LNG温度最低。电动机运行产生的热量会同时传递给汇管内LNG和泵井内LNG，从而使得泵井入口顶端LNG温度升高；由于汇

管内 LNG 温度比泵井内 LNG 温度高，因此汇管内 LNG 会向泵井内 LNG 传递热量。

③ 高压泵运行时，在泵体高度部分，泵体内 LNG 经叶轮逐渐加压，LNG 温度会上升，泵体运行产生的热量会传递给泵井内 LNG 和泵体内 LNG；由于泵体加压后的 LNG 温度比泵井内 LNG 温度高，因此泵体内 LNG 会向泵井内 LNG 传热。

④ 由于横向方向上高温介质向低温介质的逐渐传热，泵井内 LNG 从上到下温度逐渐增加。因此，在泵井内，入口处 LNG 温度最低，底部 LNG 温度最高。而经加压的泵体内 LNG 和汇管内 LNG，自下而上的运动，逐渐吸热，使得温度自下而上逐渐升高。因此，加压 LNG 在泵体底部时温度最低，在顶端汇管出口处温度最高。

⑤ 综述，LNG 从泵井入口至汇管出口，温度逐渐增加。泵井入口处低压 LNG 温度最低，汇管出口处高压 LNG 温度最高。

（4）因此，从理论上讲，只要保证汇管出口处高压 LNG 温度不高于泵井入口低压下 LNG 的泡点温度，则入口 LNG 一般不会发生发生气化，在泵井内产生气体，导致高压泵液位波动。

【措施及建议】

（1）由当前使用再冷凝器及旁路汇管上的饱和蒸气压差表，无法较好地判断泵内是否形成气体。因此可以通过高压泵出口 LNG 温度是否低于入口压力下 LNG 的泡点温度来作为高压泵液位是否因入口温度而波动的一判断依据；同时留出一定的余量，来保证高压泵正常运行。

（2）当高压泵出现液位波动，若判定为因温度过高而导致，则可以适当提高外输 LNG 流量，来提高再冷凝器及旁路汇管上的饱和蒸气压差值；或增加此台高压泵的 LNG 流量，以便高压泵运行产生的热量可以被更多的 LNG 所吸收，而不至于温度升高很多。

（3）同时，可以通过降低 BOG 压缩机负荷，减少需要冷凝的 BOG 量，以降低高压泵入口 LNG 温度。

案例 12　高压泵泵井液位波动 2

【事件描述】

图 2-1-30 为 LNG 接收站再冷凝器与高压泵管线流程及位置安装简图。为

了简化，在图中只给出了高压泵 A 与高压泵 F。低压输出总管内的一部分进入再冷凝器冷凝来自 BOG 压缩机出口的 BOG 气体，冷凝后较高温度的 LNG 与再冷凝器旁路管线内的低温 LNG 混合，最后分配至各高压泵入口管线。为了保证高压泵泵井内的气体能够顺利排出，且保证再冷凝器和高压泵的稳定运行，在高压泵泵井顶端和再冷凝器气相空间之间设置气相平衡管线。

同时为了防止杂质进入高压泵，损坏高压泵，在高压泵的入口安装有 100 目的过滤器。并在再冷凝器顶部入口 BOG 管线、底部混合管线和各台高压泵过滤器后的高压泵入口处都设置有压力表。

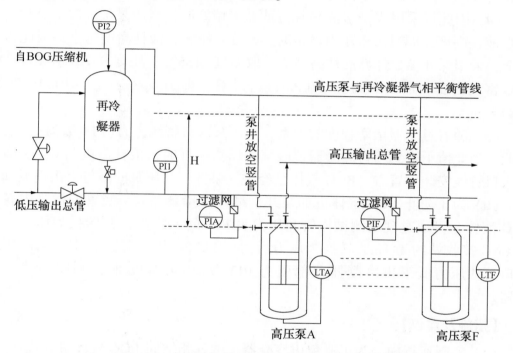

图 2-1-30　再冷凝器与高压泵管线流程及位置安装简图

LNG 接收站投产初期运行时，经常由于过滤器严重堵塞而引起高压泵泵井液位的波动。对于接收站而言，若过滤器出现轻微堵塞，就停止高压泵，隔离、排液、吹扫置换高压泵及其配套管线清理过滤器，不仅增加工作量，而且频繁的升温与降温，也会对高压泵、阀门等造成损伤；但是若出现过滤器严重堵塞，则会造成高压泵液位严重波动，给操作运行带来很大的难度和风险，严重情况下甚至会损坏设备。

【原因分析】

（1）从图 2-1-31 中可以看出，低压输出总管安装位置比高压泵入口管线高，同时由于压力表 PI1 的安装位置距离高压泵入口管线压力表 PIA—PIF 并不远，因此过滤器正常未堵塞情况下，PIA—PIF 的数值只比 PI1 高出一个位置静压能。大连 LNG 接收站此两表在过滤器正常情况下大约相差 7~9kPa（以高压泵 A 为例，PIA—PI1 的差值为 7~9kPa，以下均以高压泵 A 分析）。

（2）再冷凝器顶部气相空间压力（PI2 数值）与其底部混合管线压力（PI1 数值）的差值会受再冷凝器液位的影响，再冷凝器液位在正常范围内波动时，PI1—PI2 的差值为 20~23kPa。

（3）因此，高压泵泵井入口管线压力与再冷凝器气相空间的压力差为 27~32kPa，即 PIA—PI2 的差值为 27~32kPa。

（4）因此可采用式 $p=\rho gh$ 估算过滤器未堵塞时，高压泵泵井放空竖管中的 LNG 液柱高度，同时由于压力恒定时，密度 ρ 越大，液柱高度越小；因此为了安全，采用保守参数计算液柱高度 H。取温度 -155℃，压力 0.727MPa（表）时 LNG 富气密度和最小压力差 27kPa 进行计算，即 $H=p/\rho g=27\times 1000/(9.8\times 458)=6m$。

（5）随着过滤器堵塞程度的加重，高压泵入口管线压力（PIA 数值）会逐渐降低，当此值下降到与再冷凝器顶端气相压力一样时，液柱高度为 0；从高压泵入口管线安装位置看，BOG 气体已经进入泵井，高压泵的液位会出现波动。

（6）为了防止 BOG 气体进如泵井，最好保持泵井放空竖管的横管内充满 LNG 液体，可通过现场测试横管与压力表 PIA 间的距离，并转换为压力。大连 LNG 接收站约为 1m，转换为压力后为 4.5kPa。即实际运行中，当高压泵入口管线压力低于再冷凝器顶部压力 PI2 数值+4.5kPa 时，则应该清理过滤器。

【措施及建议】

（1）实际运行中，为了避免再冷凝器顶端气相空间 BOG 气体进入高压泵，导致高压泵液位波动，最好保证高压泵放空竖管的横管内充满 LNG 液柱。

（2）由于再冷凝器液位的波动，会导致其顶部与底部压差的变化，因此实际操作中可通过再冷凝器顶部压力与高压泵入口过滤器后管线压力的差值来作为过滤器清理与否的重要依据。

（3）设计院在进行高压泵入口管线过滤器的差压表量程选择时，可通过三个压力（PI1，PI2，PIA 的数值）间的关系进行计算以确定其量程范围和报警值。大连 LNG 接收站此差压表的量程仅为 10kPa，无法作为判断过滤器堵塞程度的依据，更无法判断由于过滤器堵塞造成高压泵液位波动的临界压差点。

（4）当过滤器堵塞，造成高压泵液位较小波动，但又无法立即停止高压泵时，可通过适当提高再冷凝器的液位，增大底部与顶端气相空间的压差，从而降低气相空间压力，增大高压泵入口过滤器后压力与再冷凝器气相空间的压差，达到提升泵井放空竖管内液柱高度的目的。

案例 13　LNG 高压泵机械损坏

【事件描述】

LNG 接收站当日汽化外输量 $2200 \times 10^4 \mathrm{m}^3/\mathrm{d}$，接收站 4 条线运行。其中，LNG 高压泵 P-1401A/C/E/F 运行。

15 时 55 分运行 LNG 高压泵 P-1401A/C/E/F 出口压力均降低，高压泵 P-1401C/E/F 出口流量增加；而高压泵 P-1401A 在出口压力降低后，其出口流量也降低。运行 15min 左右，16 时 10 分高压泵出口压力均回升，P-1401C/E/F 三台高压泵出口下降；而高压泵 P-1401A 出口流量增加。之后高压泵 P-1401C/E/F 均正常运行，而高压泵 P-1401A 出口流量和泵井液位开始波动，直至 17 时 20 分高压泵 P-1401A 突然停车(图 2-1-31)。

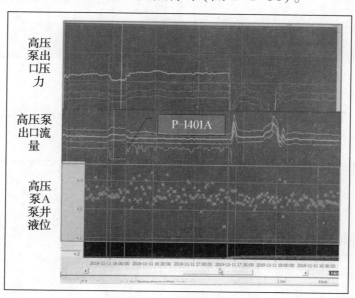

图 2-1-31　事件运行曲线

运行曲线可以看出，15：55—16：10 总共 15min 的时间内，高压泵 P-1401A 的运行已严重违背了泵的特性曲线。正常情况下，泵出口压力降低，流量应该增加；但实际为高压泵 P-1401A 出口压力降低，出口流量也降低。系统自动调节后，P-1401A 的扬程、流量变化再次违背性能曲线；之后流量和泵井液位一直处于非正常波动状态，直至跳车。因此初步怀疑高压泵已造成机械结构损坏。

第三天，准备对高压泵 P-1401A 进行启动测试，但高压泵 P-1401A 无法启动。判定 P-1401A 抱死，由此进一步确定高压泵 P-1401A 大概率已机械损坏。

【原因分析】

（1）解体高压泵 P-1401A 进行检查。

① 拆除泵外壳体，发现大量铝屑（图 2-1-32）。

图 2-1-32　铝屑

② 诱导轮固定板螺钉与吸入段端面存在摩擦，吸入端轴承内圈与轴发生窜动，轴上有明显擦痕（图 2-1-33）。

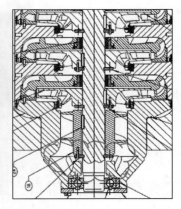

图 2-1-33　吸入断面摩擦

③ 第 1 级到第 3 级、第 5 级到第 9 级和第 13 级叶轮密封环（铜材质）以及导叶密封环（钢材质）抱死，且第 13 级叶轮后盖板有明显擦痕（图 2-1-34）。

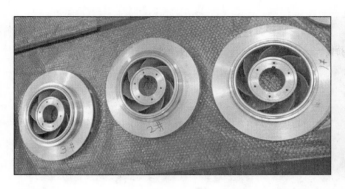
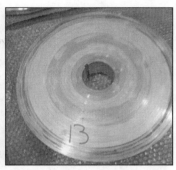

图 2-1-34 抱死叶轮及第 13 级叶轮后盖板擦痕

④ 第 4 级、第 10 级到第 12 级和第 14 级叶轮密封环以及导叶密封环没有抱死，但叶轮前盖板对应部位均有明显擦痕（图 2-1-35）。

图 2-1-35 未抱死叶轮及第 14 级叶轮前盖板擦痕

⑤ 第 15 级叶轮密封环和导叶密封环未抱死，但叶轮后盖板磨损非常严重，叶轮后盖板缺失近 1/2，近 2/3 后盖板密封环缺失（图 2-1-36）。

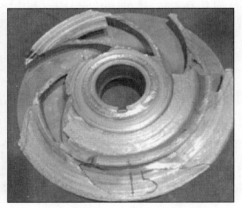

图 2-1-36 第 15 级叶轮损坏

⑥ 平衡盘磨损严重，被打出孔洞或磨损穿透（图 2-1-37）。

图 2-1-37　平衡盘损坏

⑦ 中间轴承损坏严重，轴承内外圈、保持架均已经完全破碎，轴承的滚珠变形，甚至部分被磨成粉末（图 2-1-38）。

图 2-1-38　中间轴承处损坏

⑧ 检查轴及电动机转子，发现下轴承处磨损，轴尺寸超差约 0.30mm，最大变形约 0.9mm；上轴承处磨损，轴尺寸超差 0.04mm；轴与出口段上节流衬套有明显磨损，且有 30mm 宽、单边 5mm 深沟槽；轴上与级间衬套配合处也存在磨损。电动机转子外表有金属废屑，且与定子铁芯内孔发生刮磨（图 2-1-39）。

（2）事件原因分析。

根据运行状态和拆解情况推测，高压泵在正常运行过程中，中间轴承突然损坏、失效，轴承碎片、滚珠等高速旋转飞出损坏了平衡盘，平衡盘被击穿导致平衡腔内的压力下降，使得轴向力瞬间向上，由于中间轴承损坏已不能限位，转子向上移动，高速旋转的第 15 级叶轮后盖板与平衡盘摩擦，导致叶轮后盖板损坏，最终整个平衡机构失效，高压泵轴向力又瞬间向下，整个转子向下移动，由于缺少中间轴承限位及支撑，最终导致转子诱导轮固定板螺钉与吸入段端面摩擦，多数叶轮密封环（铜材质）和导叶密封环（钢材质）抱死，停机。

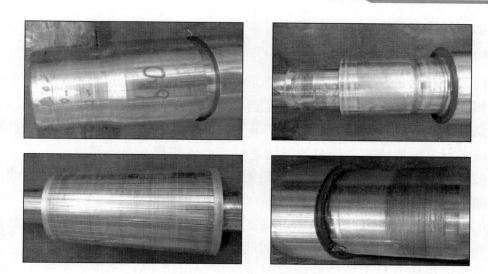

图 2-1-39　轴及电动机转子检查

（3）损坏原因推测。

① 由于高压泵实际运行中，经常会出现入口过滤器堵塞，需要停止高压泵，并进行排液、置换、吹扫升温和再预冷操作。频繁的温度升高与降低，同时若高压泵预冷时未严格按照厂商规定进行，那么很可能导致高压泵机械机构局部变形，使得某些地方间隙减小，甚至接触而产生摩擦；或过滤网无法过滤的更小杂质进入泵体，在减小的间隙处停留、堵塞而产生摩擦。长久的摩擦造成机械部件的逐步损伤。

② 启停导致中间轴承损伤。高压泵启动瞬间达到额定转速时，通常会持续 4～5s，且轴向力会瞬时达到最大值且向上，转子上移到最大限度，轴承外圈处于向上最大位置处，此时的平衡机构间隙是不足以支持平衡结构平衡全部轴向力，因此中间轴承承受较短时间轴向力。随后启动过程中压力不断升高，最终会使平衡机构间隙达到某一平衡值来平衡轴向力，使转子处于动态平衡。停泵过程中，中间轴承同样会在短时间内承受一定的轴向力，直至停止。因此，推断中间轴承是在多年多次启停过程中产生损伤后，又在正常运行工况时产生一定损耗，最终导致高压泵正常运行时，中间轴承疲劳失效、损坏。

③ 小流量运行，介质温度高，产生气化。接收站通常受到 BOG 产生量的影响，小外输运行时，由于没有足够多的过冷 LNG 去冷凝 BOG 气体，因此导致高压泵入口 LNG 温度通常偏高。由于小外输时，入口 LNG 温度较高、高压泵 LNG 流量小，且此时高压泵运行效率低，电动机功率损耗多，泵内 LNG 极易气化，影响高压泵的正常稳定运行，长期的积累造成机械部件的损伤，严重时，平衡机构间隙处介质气化，造成轴承润滑不良，损坏轴承，从而导致转子

失去轴向及径向支撑。

【措施及建议】

（1）LNG 接收站应尽量减少高压泵的启停次数，防止过多的启停造成轴承的累积性损伤。如在施工阶段，尽可能地清理干净管道及 LNG 储罐内的杂质，降低高压泵入口过滤器堵塞而需要停止高压泵的频率；或者增设一路过滤器，可在线进行过滤器清理，当过滤器堵塞时，而无需停止高压泵。

（2）高压泵预冷过程中，严格按照厂商要求进行预冷。防止不均衡收缩导致间隙减小，甚至产生非正常摩擦。

（3）接收站最小气化外输量的确定时，除了考虑再冷凝器对 BOG 的处理能力外，还应防止由于 LNG 流量较小且温度较高，导致泵内出现气体，造成高压泵机械损伤。最小外输量最好保证高压泵出口 LNG 温度应低于入口 LNG 压力下的泡点温度。

（4）接收站在高压泵入口过滤器目数选择时，应该按照厂商要求选择适合目数的过滤器。国内某 LNG 接收站就发生过入口过滤目数选择过小，导致较大的杂质进入高压泵而损坏高压泵。

案例 14   高压安全阀校验困难

【事件描述】

某 LNG 接收站高压设备主要包括 LNG 高压泵和 LNG 气化器（ORV 和 SCV）。为了保证高压设备及管线的安全，都为其设置了高压安全阀。其中 LNG 高压泵安全阀的设置流程如图 2-1-40 所示，LNG 气化器安全阀的设置流程如图 2-1-41 所示。从图 2-1-40 和图 2-1-41 可以看出，安全阀的入口均未设置有切断阀门，安全阀校验时必须停止整个设备。

LNG 接收站高压泵出口管线安全阀校验时，都必须将此高压泵停止、隔离、排液、泄压、吹扫、升温，之后拆下安全阀进行离线校验；安全阀校验完成回装后，需再对高压泵氮气置换、预冷，才能投用，需耗费大量的时间。同时，由于 LNG 接收站自身运行特性，国内 LNG 接收站普遍存在阀门内漏的情况。大连 LNG 接收站在高压泵安全阀拆除校验时，就存在部分高压泵出口两道切断阀均内漏的情况，出口 10MPa（表）的 LNG 回流至安全阀入口管线，正常情况下根本无法拆除校验，只有通过停止所有高压泵，高压输出总管压力降低至 0.7MPa（表），内漏量基本控制后，才能进行拆卸校验。

而 LNG 气化器安全阀拆卸时，也必须进行隔离、排液、泄压、吹扫、升温；校验完成回装后，需再进行氮气置换、预冷、升压后才能投用。

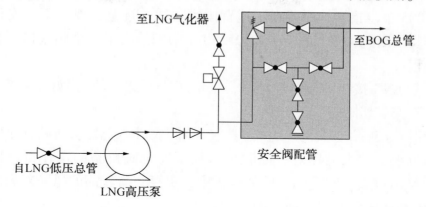

图 2-1-40　高压泵安全阀设置流程

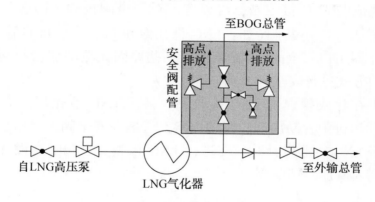

图 2-1-41　气化器安全阀设置流程

【原因分析】

（1）以下列出了部分关于安全阀入口是否安装切断阀的 4 个规定：

① TSG D0001—2009《压力管道安全技术监察规程 工业管道》规定：管道与安全阀之间一般不宜设切断阀。

② TSG R0004—2016《固定式压力容器安全技术监察规程》规定：安全阀与压力容器之间一般不宜装设截止阀门。

③ GB/T 12241—2005《安全阀 一般要求》规定：在安全阀进口安装隔离装置时，应不违背国家的法律和规范的要求。

④ SH 3012—2011《石油化工管道布置设计通则》规定：当安全进出口管道上设有切断阀时，应选用单闸板闸阀，并铅封开，阀杆应水平安装，以免阀杆和阀板连接的销钉腐蚀或松动时，阀板下滑。

（2）根据①和②可以看出，安全阀的入口最好不要安装切断阀，但可以安装，并非强制性条文——安全阀入口不允许安装切断阀；同时在 GB/T 12241—2005 中也指出，只要在不违背国家法律、规范的要求下，安全阀入口是可以安装切断阀；而且在 SH 3012—2011 中则给出了安全阀入口安装切断阀的具体规程。

（3）某 LNG 接收站最初设计时，采取了①、②中的"最好不要"方案，安全阀入口不安装切断阀。

（4）但在接收站实际运行中发现，安全阀入口不安装切断阀，对安全阀的校验工作带来了较大的困难；同时也增加了安全阀校验的工作量；特别是在 LNG 高压泵出口安全阀拆卸和回装过程中，更存在着较高的风险隐患。

【措施及建议】

（1）已建成的 LNG 接收站，可以考虑对安全阀校验风险较高、工作量较大的安全阀增加入口切断阀（如，LNG 低压泵出口安全、LNG 高压泵出口安全、LNG 气化器出口安全阀等）；若由于某些原因无法增加切断阀的，则可采用在线校验的方式进行安全阀校验。

（2）对于在建或拟建的 LNG 接收站，甚至 LNG 液化厂，应该充分考虑 LNG 阀门实际运行中容易出现内漏的因素，考虑在安全阀入口增加切断阀。

（3）对于 LNG 行业设计院，在进行 LNG 相关安全阀配套设计时，可以偏向于在安全阀入口加装切断阀。

案例 15　启动海水泵 ORV 海水流量低低跳车

【事件描述】

LNG 接收站设置 5 台 ORV 气化器，同时设置 7 台海水泵为 ORV 提供气化 LNG 所用的海水。ORV 采用一台海水泵为一台 ORV 提供海水的运行模式。单台海水泵的额度流量为 9180t/h；ORV 正常运行时，海水流量通常为 8500~9500t/h，当 ORV 海水流量计检测到海水流量低于 7350t/h，便产生海水流量低报警提示；当 ORV 海水流量低于 5510t/h，便产生海水流量低低联锁 ORV 跳车。图 2-1-42 为 ORV 海水供应流程简图。

接到调度中心指令，外输量由 $500\times10^4m^3/d$ 提至 $1200\times10^4m^3/d$。$500\times10^4m^3/d$，ORV-A 和海水泵 A 运行；$1200\times10^4m^3/d$，需要增加一台 ORV 和一台海水泵，经确定准备增启 ORV-B 和海水泵 F。

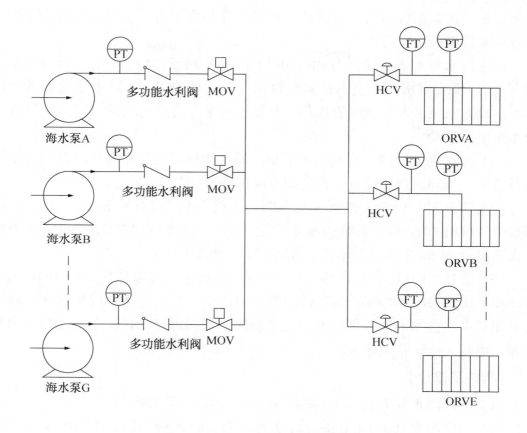

图 2-1-42　ORV 海水供应流程简图(一)

操作员按要求启动 ORV-B 和海水泵 F。由于通过前期测试，海水泵出口 MOV 阀开启速度比 ORV 海水 HCV 阀开启速度快，因此，操作员在启动海水泵时，都采用首先启动海水泵，待现场确认排气完成后，DCS 给出对应海水泵出口 MOV 开启命令；之后给出准备启动 ORV 的海水 HCV 阀开度从 0% 调至 100% 命令，待 ORV 海水流量正常后，ORV 海水准备完毕，可逐渐增加 ORV 的 LNG 流量。这次操作员也按照此方式启动海水泵 F，但运行 ORV-A 却因海水流量低低联锁而跳车。

【原因分析】

（1）海水泵启动后，排气不完全，就开启出口 MOV 阀，导致气体进入 ORV-A 海水管线，超声波流量计检测到气体，而出现跳变。导致 ORV-A 海水流量低低跳车。因为以前也出现过：海水泵启动后，排气不完全，ORV 海水超声波流量计数值跳变为低于 5510t/h 的情况，但是两流量计同时出现跳变的情况较少，而且以前发生此种跳变时，流量计数值通常都跳变为 0，但此次流量计显示的数值并不为零。因此，初步排除是由于排气不完全而导致 ORV-A 海水流量低低跳车。

（2）海水泵 F 未启动，当 ORV-B 海水 HCV 阀开启后，只有单台海水泵为两台 ORV 供应海水，流量不足，导致正在运行的 ORV-A 海水流量低低而跳车。启动海水泵 F 时，现场有操作员观察海水泵是否真正启动，可以确认现场海水泵已经启动。

（3）海水泵 F 故障，启动后不上量。通过操作员对整个事件过程的详细描述及机械工程师的现场检查，判定海水泵 F 正常。

（4）海水泵 F 启动，但由于某个阀门未能开启（或只是部分开启），导致海水泵供应给 ORV 海水系统的流量不足。通过分析海水泵启动后出口压力值比正常流量 9180t/h 时高出许多，初步判断为此原因。

（5）通过当时情况和后续阀门正常与否的确认，海水泵 F 出口 MOV 阀正常动作，ORV-B 海水 HCV 阀正常动作，因此唯一可能有问题的阀门即为海水泵 F 出口多功能水利阀。因此开盖对多功能水利阀进行检查，发现此阀门内部卡顿，确实无法正常完全开启。

【措施及建议】

（1）维修海水泵 F 出口多功能水利阀，正常后再次测试。

（2）启动海水泵给 ORV 供应海水时，当安装现场指示，给出海水泵出口 MOV 开启命令后，DCS 操作员不能直接将准备投用的 ORV 的海水 HCV 阀从关闭状态直接全开（即当 HCV 阀开度为 0% 时，直接从 DCS 给定开度 100%，执行开启操作），必须适当缓慢地逐渐开启 HCV（即开度从 0% 通过多次输入逐渐增加开度的方式开启）。

（3）开启 ORV 海水 HCV 阀时，需要时刻关注海水泵出口压力和正在供应海水的 ORV 的海水流量和海水压力的正常与否。通过保证正在运行 ORV 的海水流量在 8500t/h 以上，来确定待投用 ORV 海水 HCV 阀开启的速度。

案例 16　停止海水泵 ORV 海水流量低报警

【事件描述】

某 LNG 接收站设置 5 台 ORV 气化器，同时设置 7 台海水泵为 ORV 提供气化 LNG 所用的海水。ORV 采用一台海水泵为一台 ORV 提供海水的运行模式。单台海水泵的额度流量为 9180t/h；ORV 正常运行时，海水流量通常为 8500~

9500t/h，当 ORV 海水流量计检测到海水流量低于 7350t/h，便产生海水流量低报警提示；当 ORV 海水流量低于 5510t/h，便产生海水流量低低联锁 ORV 跳车。图 2-1-43 为流程简图。

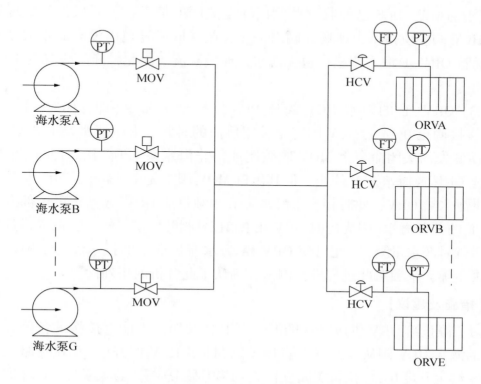

图 2-1-43　ORV 海水供应流程简图(二)

接到调度中心指令，外输量由 $1000 \times 10^4 \mathrm{m}^3/\mathrm{d}$ 降至 $450 \times 10^4 \mathrm{m}^3/\mathrm{d}$。$1000 \times 10^4 \mathrm{m}^3/\mathrm{d}$，ORV-A 和 ORV-E 运行，海水泵 B 和海水泵 E 运行；$450 \times 10^4 \mathrm{m}^3/\mathrm{d}$，只需一台 ORV 和一台海水泵运行，经确定准备停止 ORV-E 和海水泵 E。

操作员按要求降低 ORV-E 的 LNG 流量至 0，保持两台海水泵继续正常运行半小时，准备停止海水泵 E。操作员给出 ORV 海水 HCV 阀开度从 100% 调至 0% 命令，同时给出海水泵 E 出口 MOV 阀关闭的命令，待现场操作员确认 MOV 开度关至 30% 以下时，通知中控停止海水泵 E。期间出现正在运行的 ORV-A 海水流量低报提示。

【原因分析】

(1) 流量计失准，导致显示流量比实际流量低，因此显示海水流量低报警提示。通过如下分析，排除此因素：海水流量低值，只是出现了短暂的时间，并未一直持续；ORV 海水管线总管设置了两个超声波流量计，两个流量计均出现海水流量低于低报值的情况，而两个流量计同时失准的可能性较小；仪表工程师现场对两超声波流量计进行检查后，确认两流量计正常完好。

（2）ORV-E海水流量调节阀卡顿，没有完全关闭。DCS操作员确认此HCV阀门回讯，DCS已经收到此阀门完全关闭的信息；同时操作员到现场确认此HCV阀阀位指示，现场此阀已完全关闭，同时管道内没有海水流动的迹象，而且ORV-E海水水槽内也无海水往面板溢流。因此，确认此HCV阀已完全关闭。

（3）ORV-E的海水HCV阀从DCS发出全关命令（即，HCV阀开度从100%直接调至0%）至HCV阀完全关闭所需的时间，大于海水泵E出口MOV阀从DCS发出关闭命令至MOV阀关闭或停止海水泵E所用的时间。当MOV阀完全关闭（或海水泵E停止，但其出口MOV阀未完全关闭），即海水泵E不再提供海水给ORV，此时相当于海水泵B单独供应ORV-A所需的全部海水和ORV-E的部分海水（因为此时ORV-E的HCV阀开度已经较小，海水量远低于正常运行时海水量），因此出现ORV-A海水流量低报的提示。为了确认此分析是否正确，单独对此过程进行测试，确认了此分析的正确性。

【措施及建议】

（1）停止给ORV供应海水的海水泵时，操作员不能直接将准备停海水的ORV的海水HCV阀从全开状态直接关闭（即当HCV阀开度为100%时，直接从DCS给定开度0%，执行关闭操作），必须适当缓慢地逐渐关闭HCV（即开度从100%通过多次输入逐渐减小开度的方式关闭）。

（2）关闭ORV海水HCV阀时，需要时刻关注海水泵出口压力和正在供应海水的ORV的海水流量和海水压力正常。

（3）只有确认HCV阀已经关闭（或接近关闭后），才能执行待停海水泵出口MOV阀关闭命令；当现场操作员确认可以停止此海水泵时，再停止海水泵。

（4）接收站应该对此类关联性较强的阀门进行测试，确认出各阀门正常动作的时间。

案例17   ORV水槽进水口堵塞

【事件描述】

ORV单个水槽通常在两端中段处设置两个进水口，海水通过进水口进入水槽，海水从水槽导流板溢流均匀地贴紧换热面板自上而下流入排水沟。

接到调度中心发出的增加外输量指令后，运行人员对 ORV 进行提量操作。提量过程中，外操人员巡检发现正在提量的 ORV 中间区域从东往西第三块面板有两个位置结冰异常，结冰高度超过 2m（图 2-1-44）；同时观察发现对应水槽的西侧出水异常，水流分布非常不均，为避免继续提量造成面板结冰加剧，造成面板部分管束弯曲变形。经请示后，停用此台 ORV，投用其他备用的 ORV。

图 2-1-44　异常结冰

【原因分析】

（1）正常情况下，ORV 各换热面板结冰高度应保持大概一致，单个换热面板各换热管束间结冰形状通常应为扇形，且高度相差较小。

（2）单个换热面板中，少数一个或几个换热管束结冰高度异常高，大概率都为此管束水流量较小，表现为整个换热面板水流分布不均匀。

（3）换热面板水流分布不均可能的原因通常为：①对应水槽倒流板处有海生物吸附，导致海水导流量不均；②对应水槽进水口处有异物（如玻璃钢碎片），海水从进水口进入后，被异物改变流向，导致水槽导流板某些位置海水流量不足。

（4）经检查，为此换热面板提供海水的水槽进水口处，有玻璃钢碎片堵塞（图 2-1-45），因此造成异常结冰高的现象。

图 2-1-45　水槽玻璃钢碎片堵塞

【措施及建议】

（1）ORV运行，应将换热面板海水分布作为重要的巡检和检查项目，一旦发现面板海水分布不均，应立即检查对于海水槽、导流板是否有海生物或其他异物；若有应立即处理。

（2）如果海生物较多，则说明次氯酸钠投加量不够，应增加次氯酸钠的投加量；若玻璃钢碎片出现的频率较高，则说明玻璃钢海水管道内部可能损坏较为严重，可在适当的时机（可按运行年限等方式）对海水管道内部进行全面检查修复。

（3）若无，则可适当增大为此海水槽供应海水的调节阀开度，通过增加此海水槽的海水供应，以便增加换热面板海水分布的均匀度（若海水槽水流供应不足，也会导致海水分布的不均），同时防止出现异常结冰。

（4）如果换热面板已经出现异常结冰，甚至超过规定值（面板结冰高度小于3m，结冰剑锋高度与正常结冰高度差值大于1m），需立即停运此ORV，防止造成ORV设备损坏。

案例18　海水泵吸入口过滤器堵塞

【事件描述】

某LNG接收站海水取水口面向东南方向，当刮东南风，且海浪大时，杂质易随浪涌入取水涵洞。当日气象条件为：东南风7~8级，阵风9级，大浪。大量海生物及杂质随浪涌入海水取水口，海水泵出口压力和流量持续下降，因此增启海水泵，采用三台海水泵供应两台ORV运行模式（正常为单台海水泵供应单台ORV运行模式）。最终海水泵出口压力仅为0.14MPa（正常为0.18~0.2MPa），单台海水泵流量仅为6000t/h左右（正常为9500t/h）。按照此模式继续运行4h后，SCV预冷完毕，投用SCV，停止ORV和海水泵。之后，对海水泵泵净清理，发现海水泵入口过滤器损坏（图2-1-46）。

图2-1-46　海水泵入口过滤器损坏

【原因分析】

（1）由于海水取水口面向东南方向，刮东南风且海浪大，大量海生物及杂物顺着海浪和潮流直接进入取水涵洞。

（2）旋转滤网网板间存在间隙，轨道密封间隙大，造成杂物从间隙处进入海水泵井（图2-1-47）。

图2-1-47　旋转滤网

（3）运行海水泵从泵井抽取海水，杂质便贴海水泵过滤器外，形成堵塞，海水泵吸入口供水不足所以压力及流量同时下降；同时过滤网承压增大，造成过滤网抽瘪损坏。

【措施及建议】

（1）抽空泵井海水，对泵井进行彻底清理。

（2）平整抽瘪的过滤网（图2-1-48），对焊缝进行内外双面焊接（原为单面焊），酸洗及安装。

（3）由于海藻、海蜇和塑料布等是通过旋转过滤器存在的缝隙进入，所以对旋转过滤网进行改造，减小旋转滤网轨道间隙，增加网板之间的密封性。

（4）增加旋转滤网和清污机的启动频率和运行时长。

（5）在恶劣天气情况下，应根据外输需求，提前预冷、备用非海水气化器（如SCV）。

图2-1-48　平整后的过滤网

（6）加强对海水泵压力、流量和液位等运行参数的监控，当流量和压力严重偏离正常值（如，正常运行值、性能曲线）时，应综合考虑启用其他海水泵，或停止海水气化器，启用非海水气化器（如SCV）。

（7）在进行海水口取水方向选择时，可将避免全年大风最频繁的方向作为考虑因素。

案例19　海水泵冷却水过滤器频繁堵塞

【事件描述】

某LNG接收站海水系统包括4台进口海水泵和3台国产海水泵。进口海水泵轴承冷却水系统由泵出口海水作为冷却水，并由两路互为备用的冷却水过滤器及其配套管线和仪表构成；冷却水过滤器设置了压差高报警提示和压差高高联锁停泵，同时设置了流量低报警提示和流量低低联锁停泵。国产海水泵冷却水系统除了为轴承冷却提供海水外，还需要为电动机运行提供海水，同时也设置有冷却水流量低报警提示和流量低低联锁停泵；与进口泵不同之处在于：（1）泵启动前，首先利用淡水为电动机及轴承提供冷却水，泵启动后，再手动将淡水切至海水；（2）国产泵冷却水系统同样设置有过滤器，但只在过滤器前后设置有压力表，未设置压差表（图2-1-49和图2-1-50）。

图2-1-49　进口海水泵现场冷却水系统

正常情况下，海况差时，海水泵冷却水过滤器会出现频繁堵塞，2~3h就需要切换并清理一次过滤器；但2019年4月，海况较好时，海水泵冷却水过滤器仍然出现频繁堵塞。

图 2-1-50　国产海水泵现场冷却水系统

【原因分析】

（1）海况差时，海生物和杂质等会随着浪涌进入海水泵泵井，由于堵塞海水泵冷却水过滤器的海生物和杂质体积都较小，旋转滤网和海水泵入口过滤网无法阻隔，海生物和杂质便随泵运行进入海水泵出口管线，从而进入海水泵冷却水过滤器，对过滤器造成堵塞。

（2）经分析，2019 年 4 月对海水泵冷却水过滤器造成堵塞的海生物主要为蠓虾。蠓虾对海水水质、温度和环境等因素要求较高，当温度和环境适合时，水质干净的海域更容易生长繁殖。大连地区每年 4—5 月为蠓虾大量繁殖生长期，因此造成 2019 年 4 月海水冷却水过滤器频繁堵塞，同时又由于蠓虾对水质、温度和环境等因素要求较高，其他年份可能条件不具备，因此未出现冷却水过滤器被蠓虾频繁堵塞的情况（图 2-1-51）。

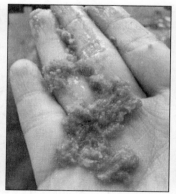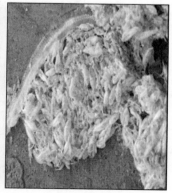

图 2-1-51　蠓虾频繁堵塞过滤器

【措施及建议】

（1）对于国产海水泵，由于自带淡水冷却的管线，因此在过滤器频繁堵塞的情况下，可使用淡水替代海水冷却。此方式可有效减少过滤器堵塞的频率，降低操作员工作量，降低由过滤器堵塞导致冷却水流量低低跳车的风险，但由于使用市政淡水，增加了冷却成本。

（2）对于进口海水泵，可以延用国产海水泵冷却水系统的思路，在原有海水冷却管线上，增设淡水冷却管线，过滤器频繁堵塞时，采用淡水进行冷却（图2-1-52）。LNG接收站采用了此方式对进口海水泵冷却水系统进行了改造，但由于初始设计未考虑到此种情况，在海水泵房预留的工厂用水管线尺寸较小，限制了淡水冷却水流量，改造后的淡水冷却总管只能满足三台进口海水泵使用，无法满足所有海水泵的使用。因此，建议接收站在初始设计时，考虑海水泵可能需要通过淡水冷却的因素，适当增大海水泵房工厂水管线的尺寸，方便今后接收站自主改造。

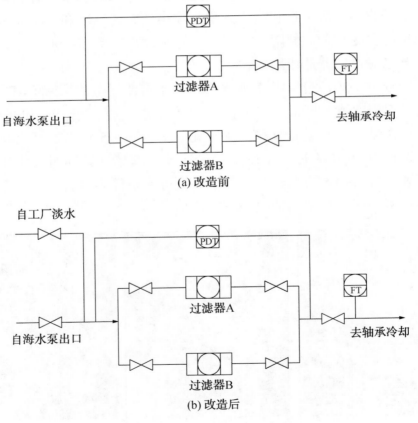

图 2-1-52　改造前后过滤器系统

（3）为了降低操作员清理海水泵冷却水过滤器的工作量，可从多台海水泵海水冷却水集中过滤出发，设置自清洗过滤器，集中过滤后的海水再分配至各海水泵冷却水管线。

（4）建立淡水循环冷却系统，为海水泵轴承和电动机提供冷却水。

（5）对于如蜢虾等海生物造成的过滤器频繁堵塞的情况，可在满足环保要求的前提下，尽可能地提高次氯酸钠投加量，降低海水物的繁殖速度和整体数量。

案例 20　海水泵轴承支撑板断裂

【事件描述】

某 LNG 接收站一期海水泵为日本酉岛栗制造有限公司的产品。该泵垂直于海面组装，其支撑板一端焊接在泵提升管筒体内侧，另一端焊接在泵轴的轴承座外壁，从而支撑与保证泵轴的运行；泵轴、轴承座、支撑板和筒体材料均为 SUS329J3L，支撑板与轴承座及筒体的焊接使用药芯焊丝和二氧化碳保护焊，焊丝材料标准及牌号为 AWS A5.22-1995 E2209T0-1。

计划检修过程中发现，第三节提升管的轴承座三条支撑板中有一条支撑板断裂后丢失，其他两条支撑板在连接轴承座的焊缝端根部也存在贯穿性裂纹（图 2-1-53）。

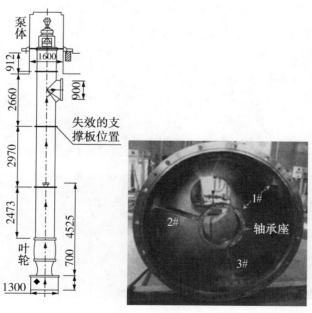

图 2-1-53　支撑板损坏位置及泵筒内损坏情况

【原因分析】

（1）断口外观检查。

① 通过对 3 个支撑端口部位检查发现断裂位置都在靠近焊缝与支撑板过渡区处，两端断口的断裂性质相同，如图 2-1-54 所示，外观现象是外表有一定的屈服韧性，中间是脆性断裂；都呈现出经历了长时间低应力裂纹扩展历程，并且两端断口都呈现出以反复弯曲为主，兼有一定扭转的多裂纹源疲劳断裂形貌。

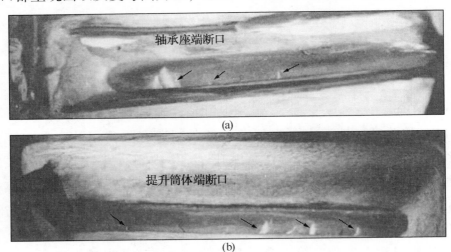

图 2-1-54 支撑板断裂两端的宏观断口照片

② 检查发现焊缝和根部母材有严重打磨的痕迹，并有腐蚀坑和打磨造成的缺陷（图 2-1-55）；同时检查 3#支撑板靠轴承座侧断口，图 2-1-56 是 3#支撑板断口的宏观形貌。所显示的现象与 1#板断口相同。

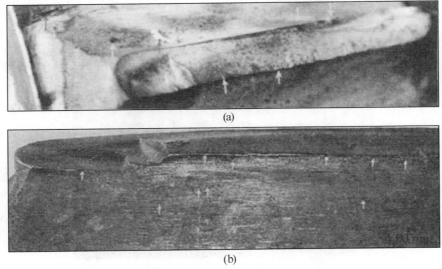

图 2-1-55 支撑板轴承座端断口周边焊缝的腐蚀坑与打磨损划伤

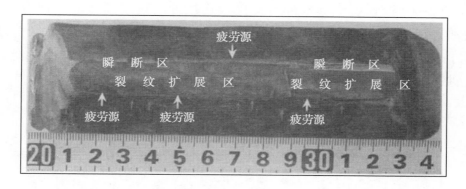

图 2-1-56 支撑板轴承座端断口的左半部的放大图

③ 整个断口大致可以分为裂纹源区、裂纹扩展区和瞬断区，为分析端口断裂的更详细信息，将图 2-1-56 的左半部的放大，如图 2-1-57 所示，可以清楚地见到裂纹扩展情况。将图 2-1-57 2#裂纹源进一步放大，如图 2-1-58 所示，更清楚地显示疲劳裂纹是从表面裂纹源向支撑板内部扩展的。

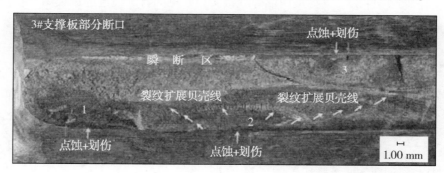

图 2-1-57 图 2-1-56 中 2#裂纹源进一步放大的形貌

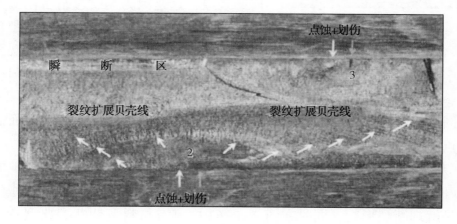

图 2-1-58 图 2-1-57 中 2#裂纹源进一步放大的形貌

④ 图 2-1-59 说明焊缝根部与支撑板连接处的过渡圆弧的几何应力集中，以及过渡区焊后的打磨形成的磨痕和划伤是造成多裂纹源扩展的原因，以及打磨破坏了表面光洁度，使得抗海水腐蚀很好的双相不锈钢在打磨或损伤处容易产生点蚀，并形成疲劳裂纹。

图 2-1-59　支撑板两端焊缝接头处常见的打磨痕迹的放大图

图 2-1-60　断口裂纹源区附近
在高倍电镜下看到的腐蚀坑和
划伤(400 倍)

（2）断口的微观检查。

① 为分析支撑板破坏的微观断裂特征，将其中 3#断口在扫描电镜（SEM）下观察。断口上所有裂纹源的断裂形貌与特征大致相同。图 2-1-60 是一代表性的裂纹源区在 400 倍下看到的典型形貌。也证实了宏观检查结论。

② 裂纹源区的断裂表面有一定程度的研磨现象，这是因为裂纹起始后在交变载荷反复作用下初始缝隙细小的裂纹面张合移动摩擦的结果，特别是在有腐蚀的情况下，腐蚀产物会参与研磨。对 3#支撑板断口中的裂纹源区进行能谱分析（EDS），如图 2-1-61 所示，图中显示除了支撑板的基体元素外，Cl 元素和 Na 元素在断口面的残留应当是点蚀坑形成的产物，表明裂纹源区有腐蚀产生。

③ 为详细分析端口的断裂形成原因，使用扫描电镜对疲劳裂纹扩展区放大 1200 倍（图 2-1-62）和 3000 倍进行观察，发现整个断口约 90%面积的裂纹扩展区是解理断裂形貌，同时在图 2-1-63 中具有材料疲劳断裂典型特征的微观花样——疲劳辉纹。

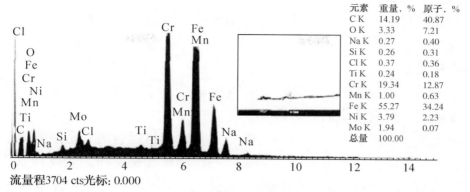

元素	重量，%	原子，%
C K	14.19	40.87
O K	3.33	7.21
Na K	0.27	0.40
Si K	0.26	0.31
Cl K	0.37	0.36
Ti K	0.24	0.18
Cr K	19.34	12.87
Mn K	1.00	0.63
Fe K	55.27	34.24
Ni K	3.79	2.23
Mo K	1.94	0.07
总量	100.00	

流量程3704 cts光标：0.000

图 2-1-61　裂纹源区腐蚀产物的 EDS 分析结果

图 2-1-62　SEM 在 1200 倍下看到的
裂纹扩展区微观疲劳形貌

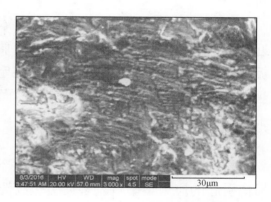

图 2-1-63　SEM 在 3000 倍下看到的裂纹
扩展区典型微观疲劳特征——疲劳辉纹

④ 对断口上最后打开的瞬断区进行电镜观察，图 2-1-64 是最后打开的窄条带瞬断区在 SEM 高倍下所看到的图像，与图 2-1-65 中支撑板材料一次拉伸试样断口的微观形貌完全一致，不再是解理断裂的形貌，而是典型的一次断裂特征——铺窝断裂形貌。

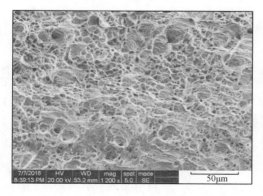

图 2-1-64　SEM 在人工打开断口瞬
断区看到的典型韧窝微观形貌

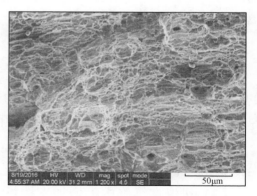

图 2-1-65　SEM 在支撑板材料拉伸
试样断口上看到的韧窝断裂形貌

（3）通过对材料、焊缝连接处金相组织检查及材料力学性能检并未发现其他异常情况。

（4）断裂原因分析。

① 从宏观和微观的检查结果表明支撑板的断裂是多裂纹源、低应力幅、以承受弯曲交变荷载为主的疲劳破坏。

这种交变载荷的来源只有两种可能：一是电动机运行时引起的振动；二是水泵运行时在支撑板附近形成紊流，旋涡的作用施加交变压力到支撑板上产生的振动。从日常运行检查，电动机及泵体运行平稳，因此只有紊流造成了断裂。

根据泵体结构，第三节提升管筒体的轴承座支撑板，正好处于海水平面附近，产生紊流的可能性完全存在。水泵运行和启停泵过程中，水流遇到的支撑板就像叶轮中的导叶，阻碍水流的稳定流动，并且该支撑板上部邻近 90°的转弯出口，水流被迫改变方向和流速，而激发紊流生成旋涡，形成涡流激振，作用于支撑板上产生脉动弯曲交变应力。这是支撑板交变载荷的主要来源。

② 多疲劳源产生。

材料和构件的疲劳断裂对应力、环境和表面粗糙度等都很敏感，表面严重损伤引起的应力集中点是多疲劳裂纹源的起始位置。支撑板产生多裂纹源的疲劳破坏与弯曲疲劳载荷所作用的危险截面的位置和状态有关。支撑板在紊流作用下产生弯曲疲劳载荷，最大弯矩出现在固定支撑板的两端焊接接头上，两端在焊接后，不适当的打磨造成的磨痕和划伤，更加重了局部的应力集中，从而成为疲劳裂纹源形成的有利位置。

打磨，不仅破坏了材料的表面粗糙度，形成了严重划伤和沟槽，增加局部的应力集中，而且打磨破坏的外表面降低了抗腐蚀优良的双相钢材料在海水氯离子中抵抗点蚀的能力。

【结论及建议】

（1）轴承支撑板的断裂是以多裂纹源、低应力幅、承受弯曲交变荷载为主的疲劳破坏。焊缝与支撑板过渡区的严重磨痕和划伤以及此处产生的腐蚀坑，是引起疲劳裂纹萌生、形成多疲劳源的起始位置。

（2）提升管内涡流产生的交变压力对支撑板的反复作用是产生弯曲交变疲劳载荷的来源。

（3）建议在维修中，增加支撑板刚度，并避免迎水面产生涡流，控制焊缝根部的打磨程度，不能产生严重磨痕和划伤，并圆滑过渡。在焊缝和支撑板过渡区进行喷丸强化。

（4）避免泵入口堵塞，稳定水泵的流量和流速。

案例21　燃料气电加热器本体温度超高

【事件描述】

某 LNG 接收站一期设置 4 台 SCV 和 2 台燃料气加热器。燃料气加热器用于加热来自 BOG 压缩机的 BOG 燃料气或来自高压外输管线的 NG 燃料气，为 SCV 运行提供符合温度的燃料气。图 2-1-66 为大连 LNG 接收站 SCV 燃料气供应流程简图。燃料气加热器系统正常备用时，保持一台燃料气加热器出入口手阀开启，为热备用状态；另外一台入口手阀关闭，为冷备用状态。SCV 启动时，只需将热备燃料气加热器启动，并投自动控制即可，当出口汇管温度低于 TI1 设定值时，燃料气加热器工作；当出口汇管温度高于 TI1 设定值时，燃料气加热器停止工作；同时当燃料气加热器本体温度高于其规定值时，停运燃料气加热器。

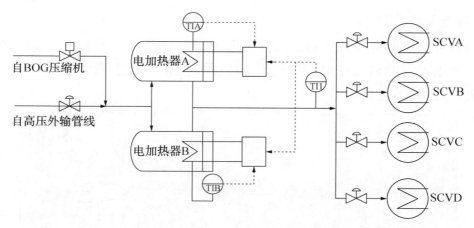

图 2-1-66　大连 LNG 接收站 SCV 燃料气供应流程简图

冬季，运行人员根据生产需准备启动 SCV-A 风机，启动 SCV-A 风机之前，首先将热备用的燃料气电加热器 B 启动，并投 TI1 自动控制。之后启动 SCV-A 风机，由于冬季环境温度很低（最低达到-18℃左右），燃烧炉空气入口处存在留存积水结冰的可能，因此每次启动 SCV 时，都会将风机多运行一段时间（15~30min），来保证 SCV 的正常启动。

燃料气电加热器 B 时，加热器启动入口温为-5℃，出口汇管监测点自动控制 TI1 温度设置定值为 10℃。10min 后，DCS 操作人员发现电加热器 B 因本体温度超高联锁停车，此时 TI1 数值为 8℃，并未达到设定的 10℃。

【原因分析】

（1）环境温度低，TI1 温度检测点安装位置距离燃料气被加热位置较远，同时加热器出口管线未加设保温层，出口燃料气散热过快，导致 TI1 检测点处温度上升缓慢。

（2）SCV-A 点火之前，风机运行的时间内，燃料气管线内的介质并未流动，加热器对其所在位置附件的燃料气进行加热，加热后的燃料气通过管道内部介质向较远处 TI1 安装点处的低温燃料气传热。由于燃料气加热器温度上升至规定值的时间比管道内部高温介质向低温介质传热将 TI1 温度提高到设定值的时间短，因此在 TI1 的温度未到达设定值时，燃料气加热器本体温度已上升至其规定温度。

（3）同时，由于燃料气加热器和被其加热的燃料气温度都提升至燃料气加热器的上限温度，无较冷的燃料气去吸收降低其温度，因此，燃料气加热器本体检测温度计 TIB 在燃料气加热器跳车后，较长时间 TIB 的数值才恢复至正常值。

【措施及建议】

（1）可以对燃料气加热器出口管线增加保温设置，减小管内介质向环境的散热速度，以便燃料气加热器运行时 TI1 处温度的快速上升。图 2-1-67 为设置保温后现场照片。

图 2-1-67　设置保温后现场图片

（2）燃料气管道内介质未流动时，不应将燃料气加热器投入 TI1 温度自动控制模式，即，SCV 未点火之前，不应将燃料气加热器投入自动控制模式。

（3）SCV进料LNG前，燃料气流量较低，若将电加热器设定为温度自动控制，本体温度上升速度可能会高于TI1处温度上升速度，因此，建议SCV正式进料LNG之前，燃料气加热器应为手动控制模式。

案例22　LNG装车橇未达设计装车流量

【事件描述】

某LNG接收站共设置了14个LNG槽车装车橇，其装车流程如图2-1-68所示。LNG储罐内低压泵出口的LNG一部分去高压泵，另一部分去槽车装车总管。在装车总管上设置压力调节阀PCV，并在每台槽车装车橇配管LNG管线上设置流量调节阀FCV，用于控制装车时LNG流量，装车时槽车罐内置换出的BOG气体通过BOG返回管线，返回至LNG储罐（即BOG总管）；同时为了未装车时，对装车总管进行保冷，在装车总管的末端设置保冷循环管线。

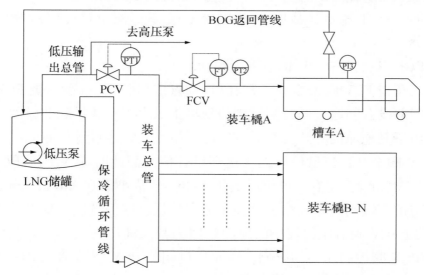

图2-1-68　某LNG接收站LNG槽车装车流程

站内FMC装车橇设计装车流量为80m³/h，但装车站调试、运行初期，FMC装车橇最大流量只能达到60m³/h（将流量控制阀全开），未达到设计装车流量（图2-1-69）。

【原因分析】

（1）FMC装车橇提供的流量计有问题，实际流量已经达到设计值80m³/h，但流量计显示只有60m³/h。

图 2-1-69　装车橇未达设计装车流量

① 首先将流量调节阀 FCV 开度从 0% 到 100% 逐渐调节，发现流量正常由小变大；

② 对一台 LNG 槽车充装 10tLNG 进行测试，在 FCV 阀全开的情况下，通过充装 10t LNG 所耗费的时间计算，流量大约为 $60m^3/h$；

③ 同时，如果流量计故障，所以 FMC 装车橇流量计同时故障的概率非常低；

综合以上三点，排除 FMC 流量计故障。

（2）装车橇 FCV 阀未能够正常开启。通过对其中一台装车橇 FCV 阀解体检查，阀门并没有问题，同时测试阀门现场指示也正常。排除此原因。

（3）由于其他原因导致装车时的实际流量无法达到设计值 $80m^3/h$。

① FCV 阀全开，流量仍然无法达到设计值，而此时 FCV 阀后压力表 PT2 的值为 0.35MPa（表）左右，槽车罐的压力 PI3 通常小于 0.3MPa（表）。若 FCV 阀后压力与槽车罐间压差较小，则撞车流速较低，因而无法达到设计流量。

② 导致 FCV 阀后压力较小的原因是因为其阀前压力较小，而阀前压力受装车总管 PCV 阀控制压力的影响，因此通过调节 PCV 将其阀后 PT1 的压力控制到 0.75MPa（表），则 FCV 阀全开状态下 PT2 压力为 0.55MPa（表），此时与槽车罐的压差达到 0.25MPa（表）左右，FCV 阀开度为 80%~90%，流量可以达到设计的 $80m^3/h$。

③ 因此判断，由于装车总管 PCV 阀设定压力过低，导致装车橇 FCV 阀前压力过低，再经 FCV 阀减压后，阀后压力与槽车罐压差过小导致流量无法达到设定值。

【措施及建议】

（1）综合考虑槽车装车时，所需压力范围较广，因此将装车总管 PCV 控制阀设定为全开。此时装车总管压力可以达到 1.0MPa（表），装车橇流控阀前压力约 0.9MPa（表），可满足槽车装车时所有 FMC 装车橇均达到设计装车流速 80m³/h。

（2）此种方式，无需对 PCV 阀进行调节参数设置，DCS 操作员装车时也无需再关注此 PCV 阀，操作更简单。

（3）此方式虽然简单，且能满足各种装车条件的需求，但可能造成装车橇流量调节阀 FCV 前后压差较大，对阀体损伤较严重。

（4）装车时，接收站可根据槽车罐的压力等将装车橇流量调节阀 FCV 的阀后压力规定在一较小的变化范围内，并通过槽车装车总管上的压力调节阀 PCV 来实现装车橇 FCV 阀前压力的调节，尽量防止 FCV 阀前后压差过大，造成累积性损伤。

案例 23　LNG 低温球阀阀杆填料渗漏

【事件描述】

据了解，国内多家 LNG 接收站都存在 LNG 低温球阀阀盖渗漏的现象。如某 LNG 接收站，高压泵出口低温球阀就出现过阀杆填料渗漏。

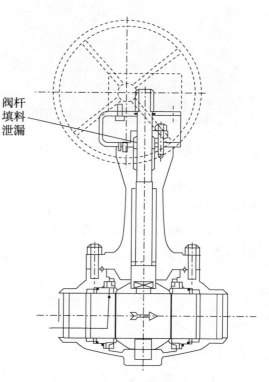

阀杆填料泄漏

高压泵出口低温球阀结构如图 2-1-70 所示。该阀为 10in CL1500 低温球阀，结构为上装式固定球阀，阀门品牌 POYAM，管道介质 LNG，工作温度-162℃，工作压力为 10~12.5MPa。

【原因分析】

（1）LNG 高压球阀的阀杆处密封采用 2 层石墨填料+4 层柔性石墨的密封形式，图 2-1-71 为现场此阀维修拆卸图。填料压盖采用蝶形弹簧垫片进行预紧，使填料在低温时的预紧力能得到连续补偿，从而保证填料密封性能长期有效。

图 2-1-70　低温球阀结构图

（2）LNG 接收站投运以来，高压工艺管道上的 LNG 低温球阀填料压盖处多能检测到不同程度的天然气渗漏，检查阀杆、填料和密封腔体均未见显著磨损、老化等异常现象。由此推断导致填料压盖处天然气外漏与该位置密封结构完整性之间没有直接因果关系；但在高压状态下，低温阀门仅采用密封填料和柔性石墨填料的密封形式可靠性较差，难以现场阀门的密封需求。

【措施及建议】

（1）为提升低温球阀填料处的密封性能，移除阀门填料最上方的柔性石墨，替换为石墨填料+钢圈+橡胶圈组合密封形式（图 2-1-72）。回装阀门进行测试，不再出现外漏。

图 2-1-71   阀门现场拆卸图   图 2-1-72   钢圈+橡胶密封

（2）对接收站同类型的进行检查，将出现渗漏的阀门，密封均更换为石墨填料+钢圈+橡胶圈的组合密封形式。

（3）LNG 接收站在进行低温阀门选型时，应避免选择全石墨的密封形式。因为石墨密封填料在高压和低温环境下易发生渗漏。

案例 24   LNG 低温阀卡壳

【事件描述】

LNG 接收站管道阀门大多是 LNG 低温阀门，而气动 LNG 低温阀操作中有时会出现阀门开关时间过长的现象。具体表现为阀门动作爬行严重，卡死导致阀门开、关不到位，甚至无法正常动作。大连 LNG 接收站有时会出现气动 LNG 低温切断阀不能正常开关，阀芯不能旋转或旋转不到位的现象；有的阀门在常温正常动作，而低温下不能正常动作，有的阀门在常温和低温下都不动作。如大连 LNG 接收站再冷凝器入口蝶形切断阀就出现过此种情况。图 2-1-73 所示为蝶形切断阀外观。

图 2-1-73　蝶形切断阀外观

【原因分析】

（1）对于气动阀门，执行机构膜片的老化破损，气缸活塞磨损漏气，阀门推杆变形、脱落，弹簧断裂和长时间疲劳使用，仪表空气压力不够、管路不洁净，阀座松动，阀芯、工艺操作中所要求阀门的正常差压以及填料、垫片磨损等，都可能造成阀门卡壳。

（2）此低温蝶阀阀座是一个斜圆锥椭圆密封面，与嵌装在蝶板上的正圆形弹性密封环组成密封系统。密封环可在蝶板槽内径向浮动。当阀门关闭时，弹性密封环首先和椭圆密封面的短轴接触，随着阀杆的转动逐渐将密封环向内推，迫使弹性环再和斜圆锥面的长轴接触，最终形成弹性密封环与椭圆密封面全部接触；它的密封是依靠弹性环产生变形而达到的，因此当蝶板在低温下产生变形时，会被弹性密封环吸收补偿；同时，当阀门打开时，这一弹性变形立即消失。因此，在启闭过程中基本没有相对摩擦，正常情况下不会发生卡壳现象。

（3）就 LNG 接收站而言，施工阶段管道内残存的焊渣、杂质，水压试验后，水分残留在管道或阀腔内，生锈、结冰，都有可能导致阀门卡壳。同时，预冷阶段，若预冷控制不均，则会使阀体变形进而损伤阀门，一旦严重损伤也会导致阀门卡壳。

【措施及建议】

（1）对气动执行机构进行检查，发现执行机构工作正常，并无膜片的老化破损，气缸活塞动作正常；仪表空气压力符合规定，且仪表空气管路干净清洁。

（2）拆卸阀门检查，发现阀座和阀腔内都有水，而且在阀腔里还有铁屑，阀门密封面轻微损伤，清理完水和杂质回装测试，阀门在常温和低温情况下都能正常动作。

（3）阀门安装前一定要做好管道的清洁工作，确保阀门在安装之前管道和阀体内不存有焊渣、水气和其他杂质，否则阀门若长时间不动作，便会生锈影响其动作。

（4）高压管线水压试验后，一定要将阀体内的污水及杂质排除干净，并对阀门进行充分干燥，必要时打开阀门底部排净丝堵确认。

（5）阀门预冷，尤其是首次预冷，一定要按规程，控制预冷速度。

（6）当阀门出现卡壳状态，若仪表空压力符合正常规定，则尽量不要再提高，以免对阀门造成二次损坏。

案例 25　LNG 高压泵出口止回阀泄漏

【事件描述】

某 LNG 接收站一期设置 4 台高压泵，二期增加 2 台高压泵和 1 台中压泵。高压泵和中压泵的出口均设置两个类型不同的止回阀（图 2-1-74），其中靠近高压泵的为防冲击轴流止回阀，远离高压泵的为双板止回阀（图 2-1-75）。

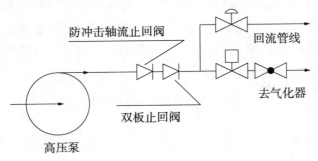

图 2-1-74　高压泵出口止回阀安装位置

接到调度中心指令，外输量由 $450×10^4 m^3/d$ 提至 $1000×10^4 m^3/d$。$450×10^4 m^3/d$，大连 LNG 接收站只需运行一台高压泵；$1000×10^4 m^3/d$，需要增加一

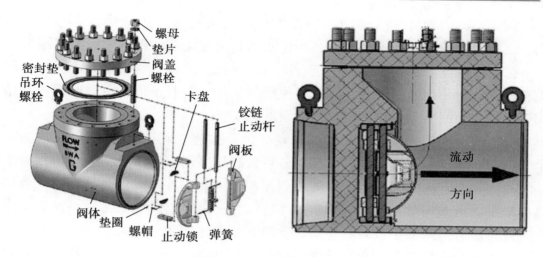

图 2-1-75 双板止回阀

台高压泵，经确定准备增启完成预冷的高压泵 C。外操人员现场确认流程及设备正常，且撤离至安全位置观察后，中控操作员启动高压泵 C。高压泵 C 启动后，现场操作员观察到高压泵 C 出口双板止回阀出现大面积喷射型外漏，立刻通知中控室操作员停止高压泵 C，同时关闭出口切断阀。

【原因分析】

（1）从双板止回阀结构看，高压泵出口止回阀外漏，可能是由于阀盖与阀体连接螺栓松动，高压泵在未启动时，出口压力约 0.7MPa（表），当高压泵启动后，出口压力突然增加至 10~12MPa（表），由于螺栓松动，阀盖与阀体间密封失效，从而导致外漏；也可能是阀盖与阀体间密封垫片损坏，当压力增加后，密封失效而导致外漏。

（2）高压泵启动时，由于压力的突然上升，不可避免地会引起止回阀的一定振动，尤其是首台高压泵启动时，由于下游管线备压很低，常会引起高压泵出口管线较大的振动，从而导致止回阀的振动，经常来回的振动必然会引起螺栓的松动。

（3）由于高压泵入口过滤器清理、高压泵安全阀校验等工作，都需对高压泵及其配套管线、阀门进行隔离、吹扫、升温等操作；同时，投用前也需要对其进行预冷。而高压泵出口止回阀阀盖与阀体间为螺栓连接，经历多次的升温、降温后，必然会产生热胀冷缩现象，而密封垫片、连接螺栓以及连接件在低温下又因材料之间收缩不相同而产生松弛。

【措施及建议】

（1）在停泵且无压状态下，拆除阀门保冷。监测螺栓是否松动。按照双板止回阀文件的力矩要求，使用力矩扳手对阀盖与阀体连接螺栓和螺母进行紧固，之后启泵测试，若不再泄漏，则说明密封垫片正常；若继续泄漏则停泵。

（2）对高压泵及其管道阀门进行隔离、排液、置换、吹扫、升温。拆下阀盖，检测密封垫片是否损坏，之后更换密封垫片。若有条件，可对阀门内部结构进行检查。回装后，重新预冷，启泵测试。

（3）改变操作方式，减小管线振动。由于大连LNG接收站高压泵口为一个气动切断球阀和一个手动隔离球阀，首台高压泵由于备压低，若保持出口手动隔离球阀全开，则会引起管线的强烈振动，因此在首台高压泵启动时，首先将出口手阀开度开至20%～30%，待泵启动后，再缓慢将出口手阀调节至全开。此方法有效降低了首台高压泵启动时管线的振动量。

（4）减少高压泵及其配套管线、阀门吹扫升温、预冷降温的次数，降低阀门热胀冷缩的频次。设计时，高压泵安全阀入口应加装切断阀，高压泵安全阀离线校验时，可不用对高压泵及配套管线、阀门一起隔离升温；或采用在线校验方式对高压泵安全阀进行校验；对高压泵入口过滤器设置备用过滤器，当需要清理过滤器时，无须对高压泵及其配套管线、阀门吹扫升温。

（5）高压泵启动前，应确认现场高压区域人员都在安全区域。防止高压区域泄漏，伤害到现场人员。

案例26　ORV入口切断阀泄漏

【事件描述】

为了保证零外输时，LNG管线的正常冷态，LNG接收站设置零输出循环线，LNG由LNG储罐内的低压泵加压进入LNG低压输出总管，经高压泵旁路零输出循环线至LNG高压输出总管，通过高压输出总管与高压排净管线跨线进入高压排净管线，最后回到LNG储罐（图2-1-76）。此情况下，高压输出总管压力（即ORV入口管线压力）为0.5～0.7MPa（表）。而正常外输时，高压输出总管压力则为10～12MPa（表）。

某LNG接收站经过一周的零外输后，接调度中心指令，外输量恢复至450×10⁴m³/d，因此停止零外输循环，准备启动高压泵A和ORVB。启动高压泵前，ORVB完成预冷，ORVB入口手动阀和切断阀均开启；而ORVC，则入口手动阀为开启状态，切断阀为关闭状态。启动高压泵，ORV正常运行，但发现ORVC入口切断阀外漏，有LNG连续滴液发生，且外漏的LNG气化产生较大量的白烟（图2-1-77）。

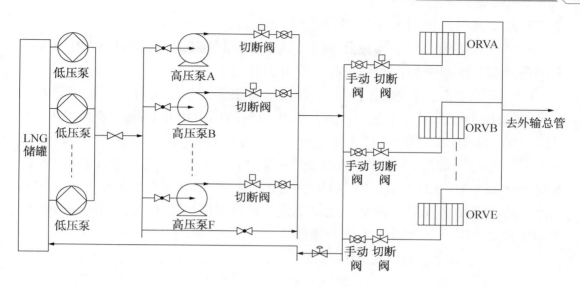

图 2-1-76 工艺流程简图

图 2-1-77 LNG 泄漏现场照片

【原因分析】

(1) 螺栓紧固力不够，管道压力上升后由于螺栓松动，导致外漏。

① 阀门参数：阀门型号为 CL1500，12in；阀门自带向上游泄放功能；介质为 LNG；阀体和阀盖材质都是 SA351 CF8M（即平常所称 304L），螺栓材质是 ASTM A182 304L。

② 阀体、阀盖以及螺栓材质都是 304L，弹性模量 E 和泊松比 ν 相同，其各方向性能和温变性能相同，螺栓不会在低温状态产生弹性松弛现象。因此，常温预紧后，在低温状态，不会产生螺栓松弛现象。

③ 同时，在对低温阀门统一紧固的工作中，也对此阀门进行了紧固。因此由于螺栓松动，导致外漏的概率相对较小。为了验证非螺栓松动导致外漏，

完成泄漏处理后，投用 SCVC，此阀已不再泄漏。

（2）密封垫圈损坏，导致压力上升后，阀门外漏。通过再次投用 SCVC，未出现泄漏，说明密封钢圈垫完好，没有损坏。

（3）发生水击，导致阀门处压力快速上升很多，超过阀门正常允许受力。

① 采用零输出循环工艺时，高压输出总管的压力约 0.6MPa（表），距离入口阀门约 3m 的入口管线处，上、下表面温度计的数值分别为 -123℃ 和 -128℃。通过甲烷的 p—T 曲线（图 2-1-78）可以看出，压力为 0.6MPa（表），温度为 -123℃ 和 -128℃ 时，为气体，因此含重组分的阀门附件的介质必然为气体，此时已形成气阻；同时，此温度低于临界温度 -82.45℃，当压力升高到饱和压力之上时，气体可以液化为液体。

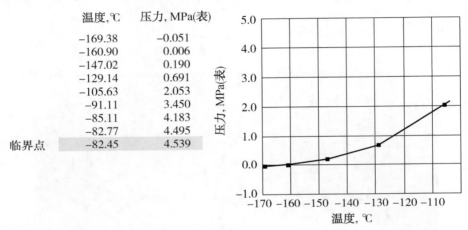

图 2-1-78　甲烷 p—T 曲线

② 当高压泵启动，阀门前压力突然上升至 11MPa（表）左右，阀门前端的气阻气体瞬间液化为液体，同时由于 11MPa（表）、-125℃ 的 LNG 与 0.6MPa（表）、-125℃ NG 的体积比约为 40 倍。因此，高压 LNG 冲击，使气态 NG 凝结为液态 LNG，造成了管道阀门处水击，很大的水击压力，使阀门大盖张开，造成大盖处外漏。

【措施及建议】

（1）通过现场操作员、工程师及领导判断确认，在保证安全的情况下，可以对此阀门进行隔离泄压。因此，操作员手动关闭入口手阀，并通过入口手动阀与切断阀之间的泄放管线，对其进行泄压，当压力下降后，泄漏逐渐减小，最后停止。

（2）为了防止水击现象的再次发生，每次首台高压泵启动前，需要关注气化器（ORV 和 SCV）入口手动阀前段的上下表面温度计，初步确认气阻气体的多少；同时需要通过入口切断阀前的泄放管线，对气阻气体进行泄放。

（3）气化器（ORV 和 SCV）入口了手动阀和切断阀，通过对比此两阀泄漏对工艺的影响，若入口手动阀泄漏，则必须停止整个高压输出管线，降低其压力，才可能进行处理；若切断阀泄漏，则存在通过关闭入口手动阀门，通过其间泄放管线进行泄压的可能，因此在首台高压泵启动前，应开启备用气化器入口手动阀，关闭入口切断阀。

（4）高压泵启动前，应确认现场气化器区域人员都在安全区域。防止高压区域的泄漏伤害到现场人员。

案例 27　装小船卸料臂对接困难

【事件描述】

LNG 接收站首次 LNG 装船作业时，卸料臂对接过程中，作业人员发现船体晃动明显，操作平台狭小，操作难度大（图 2-1-79）。经过不断调整作业角度，实现卸料臂成功对接。

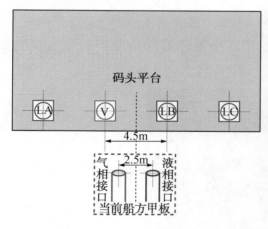

图 2-1-79　装小船卸料臂对接困难

【原因分析】

该 LNG 接收站承接的首艘 LNG 装货运输船为 10000m³ 乙烯改造船，船体偏小，首次停靠该站码头。造成装船卸料臂对接困难的原因主要有以下几点：

（1）运输船体积偏小，受海上风浪影响较大，在当时气象条件下造成船体晃动剧烈。

（2）船体改造存在缺陷。气相臂与液相臂之间距离太近，可操作空间小。

（3）卸料臂对接平台设计狭小，作业人员需顶靠护栏作业，视野严重干扰，在船体晃动剧烈情况下不能正常作业。

【措施及建议】

（1）作业人员发现船体晃动剧烈后，立即通知船岸双方调整缆绳张力，维持船体平稳。

（2）作业人员佩戴安全绳等防护设施，增加作业安全可靠性。

（3）建议在通过其他船型改造为 LNG 船时，为了操作安全应扩大作业平台面积；为了提高装卸作业的可靠性，可在气相臂两侧各设置一条液相臂。

（4）建议接收站使用改造后的大型 LNG 接卸码头装载小型 LNG 船舶时，尽可能选择海况较好情况下进行作业。

（5）通过大型 LNG 接卸码头改造实现靠泊船型的多样化（如，从 8×10^4 ~ $26.7\times10^4 m^3$ 扩容到 1×10^4 ~ $26.7\times10^4 m^3$），虽然节约的投资，但增加了操作难度、作业风险。因此，应严格控制作业条件。

案例 28　装船作业造成护舷破损

【事件描述】

LNG 接收站进行首次 LNG 装船作业中。小船停靠码头处护舷面板多处破损（图 2-1-80）。

图 2-1-80　装船作业造成护舷破损

【原因分析】

该 LNG 接收站承接的首艘 LNG 装货运输船为 10000m³ 运输船，船体偏小，首次停靠该站码头。造成此次护舷的原因主要有以下几点：

（1）小船吨位小，海浪较大，造成严重的晃动，使船体与护舷撞击和摩擦。

（2）锚固和连接不良。

（3）缆绳张力过大，造成船体晃动时约束力偏大。

（4）由于冬季温度低，护舷本身贴面板材料韧性变差，更容易发生脆性断裂，当护舷受船体的撞击和摩擦时更易造成损坏。

【措施及建议】

（1）操作人员发现护舷损坏后立即通知船岸工作人员对缆绳进行调整，减少缆绳张力。

（2）随后即对护舷连接件进行改造，采用韧性更好的材质。

（3）护舷贴面改用硬质橡胶贴面。

（4）建议装卸小容积 LNG 船时，应加强缆绳张力监控，高报警值应比装卸大容积 LNG 船时适当降低，保持缆绳不能太紧。

（5）大型 LNG 码头改造，用于小型 LNG 船装卸，作业过程中应将海况作为重要考虑因素。

案例 29　登船梯故障

【事件描述】

首船靠岸后，搭接登船梯时，发现登船梯三角梯（图 2-1-81）尺寸偏大，无法正对甲板人行道安放，同时在操作时，发生了主梯无法左转，无法上升，无法下降，只能右转现象，且主梯无法通过保险钩固定。

图 2-1-81　登船梯三角梯

【原因分析】

（1）厂商进行三角梯设计时，可能未考虑不同船型甲板走道尺寸的不同，以容积为 $26.7\times10^4m^3$ 的 LNG 船进行设计，因此搭接 $8\times10^4m^3$ 的小型 LNG 船三角梯尺寸就偏大。

（2）液压油箱电加热器安放位置和形式不对，造成加热器烧毁，杂质污染液压油造成电磁阀堵塞，油路不通畅，无法控制登船梯。

（3）PLC 控制程序不完善，动作设定时间与现场实际动作不同步。

【措施及建议】

（1）将登船梯三角梯尺寸进行缩小改造，以满足最窄甲板人行道安放要求。新建 LNG 接收站登船梯三角梯设计时，应以接收站所接 LNG 船型中，能提供的登船梯安放最窄空间为参考；或者在安全及方便通行的前提下，尽可能地缩小三角梯的尺寸。

（2）当登船梯无法使用正常模式操作时，可手动控制电磁阀操作登船梯。建议接收站定期对操作员进行设备非常规操作培训，以提高紧急情况的处理能力。

（3）按照润滑油箱定制安装电加热器，清理油路，更换液压油。

重新下装优化的 PLC 操作程序。虽然设计时，厂商已尽可能地将功能完善，但不同的实践应用又存在各自的特性，因此建议登船梯厂商对不同的接收站提供更多个性化服务。

案例30　再冷凝器系统波动

【事件描述】

卸船作业中，由于船上 BOG 气体需求量的降低，岸上 LNG 储罐压力不断上升。于是将 BOG 压缩机负荷由 150%（BOG 量为 10t/h）提高至 175%（BOG 量为 11.5t/h）。在将负荷升至 175% 时，再冷凝器出现无法正常控制。主要表现为：

（1）即使增大冷凝 BOG 的 LNG 量，再冷凝器顶部压力还是不断增加，但其底部温度却降至 -131℃；

（2）再冷凝器液位不断地上涨；

（3）再冷凝器底部压力也不断上升，最高到 0.84MPa。于是将压缩机负荷降回 150%，这时再冷凝器逐渐恢复正常。同时与船方协调，船方稍微增加了

BOG 返回量，以减缓储罐压力的增长。

待再冷凝器稳定后，再次尝试将 BOG 压缩机负荷升至 175%，出现和前一次相同的情况。于是再将压缩机负荷调至 150%。

【原因分析】

由于此船装载的 LNG 密度较小，船舱压力大，卸船过程中需要补充的 BOG 量小。密度小的 LNG 进入储罐后，储罐内 BOG 产生量增大。又由于当时外输量较小，再冷凝器无法处理多余的 BOG，这样在提高压缩机负荷到 175% 后便出现了再冷凝器波动，无法控制的现象。

【措施及建议】

（1）卸船期间，由于 BOG 量增加，需增加压缩机总负荷，以控制储罐压力。压缩机总负荷达到 150% 时，为保证再冷凝器正常运行，对应的外输量至少为 $400 \times 10^4 m^3/d$，压缩机总负荷为 175% 时，对应的外输量至少为 $450 \times 10^4 m^3/d$。

（2）要求船方卸载前降低舱压，卸船时尽可能提高 BOG 返回量以控制储罐压力。

（3）将 SCV 燃烧所用 NG 从外输改为 BOG 压缩机出口直接供应。

案例 31　　BOG 压缩机停车

【事件描述】

再冷凝器 V_1301 液位高高报警引发 BOG 压缩机 C_1301B/C 停车（图 2-1-82）。立即对再冷凝器进行排液至报警值之下，2h 后启动 C_1301B/C 运行正常。

【原因分析】

首先，汽化外输量低（$300 \times 10^4 m^3/d$），造成饱和蒸气压差低，再冷凝器液位不稳波动较大，且 V-1301 三个液位计示数不一致，难以真实反映实际液位。其次，开车操作人员将再冷凝器 V_1301 液位控制调高至 5.5m 左右，当液位波动大时很容易使其达到液位高高上限（6.8m），触发压缩机自动保护联锁。

【措施及建议】

（1）降低 BOG 压缩机负荷使饱和蒸气压差提高，减小再冷凝器液面波动。

图 2-1-82　BOG 压缩机停车

（2）控制再冷凝器 V_1301 液位在较低位置（3.5~4.5m）。

（3）对三台液位计进行调校，操作人员在调节液位时应同时监控 3 个液位计。

（4）控制再冷凝器液位时，应缓慢调节控制阀，避免使再冷凝器液位波动过大。

（5）建议增加汽化外输量提高饱和蒸气压差，以确保再冷凝器运行稳定。

案例 32　BOG 压缩机入口缓冲罐液位快速上升

【事件描述】

运行人员发现 BOG 压缩机入口缓冲罐液位上升较快，随即通知现场巡检人员检查 LNG 管线安全阀，发现槽车装车橇一台安全阀启跳，LNG 进入 BOG 总管，导致缓冲罐液位上升（图 2-1-83）。

【原因分析】

（1）首先查询启跳安全阀所在管线压力历史趋势，发现曲线平稳，并无异常。

（2）对启跳安全阀标定，发现此安全阀定压不准，在压力正常情况下启跳，导致 LNG 进入 BOG 总管，缓冲罐液位上升。

图 2-1-83　BOG 压缩机入口缓冲罐

【措施及建议】

（1）隔离 BOG 缓冲罐，排出其内部液体，完成排液后，重新投用。

（2）对启跳安全阀校验、标定，保证不误跳、不拒跳。

（3）加强对缓冲罐液位监控，发现液位异常上涨时，按距离缓冲罐由近至远的规则查询：①是否存在 LNG 热膨胀安全阀启跳；②是否存在 LNG 泄放管线异常结霜。若两种情况都不存在，则可能是缓冲罐液位计失准，则对液位计进行校准。

案例 33　ORV 海水分配不均

【事件描述】

ORV-B 面板有局部结冰不均的现象（图 2-1-84），随后对海水的分配情况进行了检查，发现有一组水槽与面板间有杂物，影响水流均匀分布到面板。

【原因分析】

（1）海水玻璃钢管道内玻璃钢碎片及其他杂物带入水槽，停留在水槽与面板之间，影响水流均匀分布到面板。

（2）由于玻璃钢管线长期受到海水冲刷，糊口处的玻璃钢管磨损脱落形成碎片。

图 2-1-84　ORV 海水分配不均

（3）ORV 海水管线分配阀开度不均，导致各水槽供水不同，水流分布不均。

【措施及建议】

（1）停用此台 ORV，启用其他 ORV，及时清理水槽内杂物。

（2）重新给此台 ORV 供应海水，检查面板水流分布情况，若均匀，则无需调整，若仍然分配不均，则适当调整海水管线分配阀开度，直至各面板水流均匀分布。

（3）巡检人员应加强对 ORV 面板海水分配均匀度和结冰情况的检查，发现异常应首先检查是否有杂物堵塞水槽。

（4）接收站应制订规程，定期对玻璃钢管道系统进行检查和维护。

案例 34　ORV 出口管线振动

【事件描述】

岗位巡检人员发现 ORV_D 出口 NG 管线有振动及异响情况。起初振动及异响并不明显，不能探知具体部位，3h 后振动和异响极为明显，操作员确认振动源于 ORV_D 出口 NG 管线。此时管线振幅达到 1cm，大约每秒振动一次。

【原因分析】

经维修人员检查发现该处管段支架螺栓松动，不能有效支撑和紧固

ORV_D出口NG管线是导致管线振动的直接原因。在ORV流量达到某一值时，其振动频率更接近固有频率，可能出现共振的现象。

【措施及建议】

（1）发生ORV出口NG管线剧烈振动，首先要大幅降低该设备处理量或直接停用该设备。

（2）当设备振动情况明显减轻后对振动点附近支架螺栓连接处进行排查，若发现松动，立即紧固。

（3）接收站应制订年度计划，定期对ORV管线支架螺栓紧固情况进行检查，如每半年检查一次。

案例35　SCV风机风量低低联锁

【事件描述】

根据生产需要提高外输量，在启动预冷的浸没式气化器（SCV-B）时，风机启动后，产生风量低低联锁，无法启动SCV-B（图2-1-85）。

图2-1-85　SCV风机风量低低联锁

【原因分析】

（1）首先检查测量风量的仪表系统，未发现堵塞等易造成风量低低的仪表问题。

（2）然后检查风机系统，刚启动风机时，风压达到设计压力，但风量小于设定值，启动近60s后，就发生联锁停机。

（3）断开风机与燃烧炉相连的管线法兰连接，再次启动风机，风机压力和风量正常，无联锁现象发生。

（4）拆开燃烧炉顶部盖板，检查燃烧炉内部没有结冰，正常无异样，启动风机，风机运转正常。

（5）经分析确认可能为：预冷时，LNG气化盘管温度低，造成其附近烟气管道分布孔结冰，堵塞烟气排放口，形成风道堵塞，导致风量低低。

【措施和建议】

（1）停止此SCV预冷，保持电加热器和循环水正常运转，使烟气管道分布孔结冰融合，再启动SCV。

（2）由于大连冬季气温低，SCV水浴温度即使在5℃，水浴箱内部也会出现局部结冰，因此将水浴温度从5℃提高至10℃，以使预冷时尽量无结冰，若结冰也能及时融化。

（3）加强对循环水泵过滤器检查，确保循环水泵冬季的长期运行，保证水浴的循环，避免形成静止水浴，产生局部结冰，堵塞烟气管道分布孔。

案例36　SCV预冷时管线法兰渗漏

【事件描述】

对SCV-D进行预冷中，入口管线弯头法兰接口处有白色雾气，经检查为SCV-D入口管线法兰渗漏（图2-1-86），停止预冷SCV-D。

图2-1-86　SCV预冷时管线法兰渗漏

【原因分析】

（1）预冷时速度过快，导致入口管线弯头处骤冷，应力集中，造成法兰渗漏。按照以下原则：公称直径小于200mm的管道可不预冷，但是进料过程要缓慢，防止管道变形过快。公称直径大于等于200mm的管道上下表面温度差不超过50℃，相邻两固定管托之间的管道最大位移应满足每米不大于3mm。

（2）由于此法兰连接存在一个类似小凹槽的低点，LNG首先在底部聚集，导致上下表面温差过大，收缩不均，形成缝隙导致泄漏。

（3）法兰处螺栓预紧力不足，无法形成有效密封。

【措施及建议】

（1）对法兰螺栓进行紧固处理。

（2）严格控制预冷速度，减小应力集中。

（3）预冷期间加强巡检，及时发现问题、及时处理。

案例 37　多功能水力阀阀芯脱落

【事件描述】

启动海水泵 P2301A 时，泵出口压力为 0.28MPa（正常压力为 0.2MPa），泵流量为 7000t/h（正常为 9500t/h），出现泵出口玻璃钢管线及蝶阀振动异常。

【原因分析】

（1）泵出口压力高，流量降低，应该是出口有堵塞现象。泵出口有多功能水力阀和蝶阀，其中蝶阀振动异常。逐渐关小蝶阀开度，泵出口流量逐渐降低，判定蝶阀无故障；停泵后，测量多功能水力阀阀芯在开关状态时的高度，发现阀芯高度变化不大，判定为多功能水力阀门故障。

（2）打开多功能水力阀顶部大盖，发现调节连杆已经弯曲，轴销螺母及滚轮丢失，主阀板无法正常打开。

主要原因是由于轴销脱落造成主阀板连杆无法动作，导致主阀板无法打开。

【措施及建议】

（1）修改轴销锁紧螺母结构形式，更换脱落的轴销。

（2）检查其余的多功能水力阀阀芯情况。

（3）海水泵启动时，注意观察泵出口压力和泵出口流量变化。

案例 38　海水玻璃钢管线糊口脱落

【事件描述】

发现 ORV 海水分配槽内有玻璃钢碎片，影响海水均匀分配。启动 SCV 系统，停用 ORV 海水系统，对海水管线进行检查。

【原因分析】

排空海水管线检查中发现，管道内有残留玻璃钢碎片，泵出口变径处糊口有脱落。原因：

（1）玻璃钢变径糊口连接处非整体成型，现场施工糊口连接处不均匀，强度降低，属于玻璃钢管线的受力薄弱点。

（2）因长期运行，糊口处冲刷磨损，导致糊口脱落。

【措施及建议】

（1）对玻璃钢糊口部位进行修复，彻底清理管线中残留物。

（2）加强对 ORV 海水分配槽检查，以及时发现玻璃钢糊口脱落问题。

（3）每年冬季定期对海水管线进行内部检查维修。

案例 39　清污机杂物收集板设计缺陷

【事件描述】

运行清污机时多次发现捞出的杂物又落回取水池中，导致清污机清理工作频繁（图 2-1-87）。

【原因分析】

清污机杂物收集板设计不合理，捞杂物的耙子伸出长度无法达到收集板内部，捞上来的杂物不能全部落入收集板内，部分重新落回取水池。

【措施及建议】

（1）将收集板加长 350mm，使捞出的杂物可以全部落入下方收集板中。

（2）海况恶劣状况时，增加清污机清污频次。

(a) 改造前   (b) 改造后

图 2-1-87 清污机杂物收集板设计缺陷改造前后图片

案例 40 空压机冻凝无法正常运行

【事件描述】

环境温度-12℃，空压机 C-2701B 运行中突然停机。

【原因分析】

（1）现场检查发现，空压机 B 故障停机，故障代码是 Tr09，即机腔压力高，打开机箱外盖检查，发现气体出口空气分离芯冻凝，顶部取压管冻凝。

（2）设备设计要求在 2℃以上安装运行，尽管设备安装在厂房内，但吸入口是在机箱隔离腔内直接与大气相通，吸入的是低温空气，造成入口与外部环境温度相同，导致排出管和空气分离芯冻凝。

【措施及建议】

（1）在机箱内部气体出口分离芯处增加电伴热和保温，保证压缩空气分离后的凝结水不低于0℃，防止排出管路和取压点结冰，保证压缩机运转。

（2）冬季运行时将风机入口和出口软管拆下，由室外吸排气改为室内吸排气，使温度达到机器运行要求。

（3）建议空压机吸入口增加暖房，保证温度。

案例 41　空压机后冷器泄漏问题

【事件描述】

空压机 C2701B 机箱外部有油迹，停机打开机箱检查，发现后冷器及电动机外表有很多油污，怀疑冷却器接头或管束漏，再次点动发现是管束漏（图 2-1-88）。

图 2-1-88　空压机后冷器泄漏

【原因分析】

经对泄漏处检查，是冷却器管子外漏，非焊缝漏，原因是供货商外购的管件制造质量问题。

【措施及建议】

（1）重新更换新的后冷器。

（2）根据此次事件，对余下 2 台空压机进行了详细的检查，尤其是后冷器的检查。

案例 42　PSA 制氮机停车

【事件描述】

空压机房内的 PSA 制氮机 U-2801A 突然停车（图 2-1-89）。

【原因分析】

（1）查看报警发现仪表风压力降低至 0.7MPa（仪表风压力低低联锁值为

图 2-1-89　PSA 制氮机停车

0.75 MPa)，触发压力低低联锁，自动关闭去 PSA 制氮系统的压缩空气阀门，造成 PSA 制氮机 U-2801A 突然停车。

（2）大连 LNG 接收站 PSA 系统设计最大产氮气量 100m³/h，能够保证正常生产用氮气量。

（3）经检查，3 号罐正在施工吹扫，大量使用工厂风时未通知中控室，导致仪表风总管压力急剧下降。

【措施及建议】

（1）外操人员迅速到达现场开启液氮气化设备，改用液氮对氮气管网充压，保持氮气管网压力。

（2）立即停止 3 号罐施工吹扫，将报警进行复位，重新启动 PSA 制氮系统。

（3）现场大量使用工厂风、氮气时液氮系统应及时投用。建议在日常生产过程中液氮供给系统处在连续投用状态，以防下游大量使用氮气造成 PSA 联锁停机。

（4）施工及生产中大量使用工厂风或氮气时应该提前通知中控室。

（5）中控人员应关注公用工程管网压力，防止下降过快。

案例 43　污水系统鼓风机故障

【事件描述】

生活污水鼓风机 EF2501A 面板显示故障(图 2-1-90)，EF2501B 自动运行。

图 2-1-90　污水系统鼓风机故障

【原因分析】

生活污水鼓风机 EF2501A 面板显示故障，现场盘车检查发现在快速转动时，内部有异响，打开鼓风机检查，内部一个滑片动作不灵活，拆卸下滑片，发现该问题是油泥堵塞造成的（吸入口空气滤芯清理不及时，造成灰尘吸入鼓风机腔中，与润滑油混合产生油泥）。

【措施及建议】

（1）清理油箱及滑片，回装，添加 46 号润滑油。

（2）清理鼓风机入口过滤网。

（3）加强鼓风机运行检查，缩短清理滑道时间间隔。

案例 44　火炬长明灯熄灭无法正常点燃

【事件描述】

某日，当时为暴风雨天气，火炬 2 号长明灯突然熄灭，之后又相继熄灭数次，自动、手动以及内传焰点火均不能点燃长明灯（图 2-1-91）。

图 2-1-91　火炬长明灯熄灭无法正常点燃

【原因分析】

（1）暴风雨太大，火炬长明灯被吹灭或浇灭。

（2）长明灯供气压力过高(0.55MPa)。

（3）仪表风与燃料气配比未达到最佳。

【措施及建议】

（1）降低长明灯供气压力至0.15MPa。

（2）调整进气量，将仪表风与燃料气达到1∶0.7最佳配比。

（3）恶劣天气时加强对火炬监控，若熄灭，及时点燃长明灯。

案例45　装车橇氮气压力波动不能装车

【事件描述】

槽车站现场装车橇有三辆槽车同时在装车。三个FMC装车橇在几分钟内先后自动停止装车(图2-1-92)。

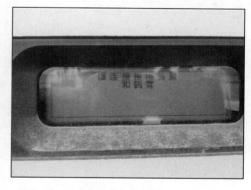

图2-1-92　装车橇氮气压力波动不能装车

查看现场批控器报警，显示"请连接接地装置和鹤壁"。现场检查鹤壁和静电接地连接均无问题。更换到其他FMC装车橇后，仍无法装车。更换到连云港装车橇后，可以装车。

【原因分析】

现场检查装车橇吹扫氮气压力为5.5bar(FMC装车橇氮气压力开关低低联锁值是7bar，而正常时氮气压力为7.5bar)，压力联锁值设定过高，在氮气管网压力产生波动时易造成装车橇无法装车。此次氮气管网压力波动是因接收站3号罐氮气置换，氮气用量较大，从而引起装车橇氮气压力低低联锁，装车停止。因连云港装车橇没有氮气压力联锁，所以在吹扫氮气压力低时可以进行装车。

【措施及建议】

（1）槽车装车结束后，槽车罐内压力在1bar以下，吹扫氮气压力联锁值设定为5bar，可保证吹扫。

（2）与厂家协商后，将FMC装车橇吹扫氮气压力联锁值设定为5bar，以避免因接收站氮气管网压力波动造成装车停止。

案例46　码头保冷循环线阀门无法开关

【事件描述】

在调整码头保冷循环量时，发现保冷循环线上阀门MV1100125无法开关（图2-1-93），卡在一个位置不能动作，无法调整保冷循环量。

图2-1-93　码头保冷循环线阀门无法开关

【原因分析】

现场多次开关此阀门均无法动作，将执行机构打开，检查发现是阀杆与执行机构的连接螺杆弯曲卡住，造成无法动作。

【措施及建议】

（1）更换新的阀杆，开关灵活。

（2）对同类阀门进行检查维护。

案例47　装船预冷线手阀内漏

【事件描述】

卸料臂L-1101B压力总是上升很快（其他两个液相臂正常），经确认是装船线预冷手阀 MV-1100139 内漏所致(图 2-1-94)。不得不经常对卸料臂进行泄压。

图 2-1-94 装船预冷线手阀内漏

【原因分析】

装船预冷线是跨过卸料臂截止阀的一条 1in 管线,其上的球阀选用的是单侧密封,方向安装反了,造成阀体内漏,从而使码头循环的 LNG 窜入卸料臂。

【措施及建议】

(1)由于是焊接阀门,动火调转方向困难,可以采取泄压后抽出阀芯,更改密封位置。

(2)中控严密监控卸料臂压力,定期进行泄压,保证卸料臂安全。

(3)更换阀门。

案例48 再冷凝器进料压控阀填料外漏

【事件描述】

再冷凝器进料压控阀 PCV_1300602B 填料外漏(图 2-1-95),操作人员立即按照预案将阀门隔离。

【原因分析】

管线泄压后,用氮气对填料处进行吹扫,升温至常温,对填料紧固螺栓检查,发现 1 根螺栓松动。分析原因,主要是由于压控阀频繁动作造成填料松动,导致紧固力不够。

【措施及建议】

(1)对松动的螺栓进行紧固。

(2)对其他同类阀门填料螺栓进行排查。

（3）加强巡检，定期对仪表阀门进行紧固检查。

图 2-1-95　再冷凝器进料压控阀填料外漏

案例 49　装船线液相臂对接法兰处泄漏

【事件描述】

LNG 接收站进行首次 LNG 装船作业时，装船管线预冷期间，码头岗位操作人员在对装船管线检查时发现装船线液相臂的船岸连接法兰处有 LNG 泄漏现象（图 2-1-96），随即通知船岸双方进行漏点处理。由于船方装船管线存在设计缺陷，此次漏点处理极为困难。经过船岸人员对泄漏点多次处理后，终于完成此次装船作业。

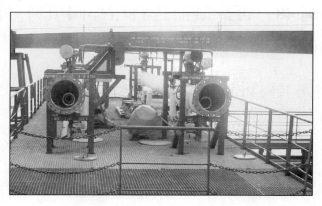

图 2-1-96　装船线液相臂对接法兰处泄漏

【原因分析】

LNG 接收站在前期 LNG 卸船过程中曾经发生预冷过程中船岸对接法兰处

LNG泄漏,此次LNG泄漏点也发生于预冷期间的船岸液相臂对接法兰处。虽然此次LNG泄漏部位与卸船期间LNG泄漏的部位相同,但原因不同,具体原因如下:

(1)船方预冷线管径太小,致使预冷期间预冷量不足,船岸连接短节处长时间不能充满LNG,法兰顶底温差过大是造成泄漏的原因之一。

(2)船方连接法兰存在设计缺陷是造成此次泄漏的主要原因。船方在与岸方装船臂连接处设置了偏心锥形大小头短节,且船方将大小头水平段向下安装,在预冷量偏小的情况下,连接短节顶部始终不能充满LNG,连接法兰处长时间顶底温差过大,造成泄漏。

【措施及建议】

(1)发现泄漏后采取临时堵漏措施,减缓泄漏,维持预冷操作。

(2)预冷后期投用船方装船主线,加大LNG流量,泄漏停止。

(3)与船方进行沟通,对船方偏心锥形大小头安装方式提出建议,将锥形大小头短节轴向旋转180°,由水平段朝下改为水平段向上安装。船方在随后的第二次装船中即按照此法对大小头进行安装,整个装船过程顺利,未发生泄漏,收到良好效果。

案例50 泄漏收集池提升泵频繁报警

【事件描述】

高压泵区泄漏收集池提升泵P-2601A频繁故障报警,而且状态显示为黄色,收集池液位显示高报警(图2-1-97)。岗位人员去现场进行检查,与中控核对P-2601A状态,现场此泵并没有启动,由于降雨,收集池中存在一定雨水。立即联系电气及设备专业人员对此泵进行检查处理。

图2-1-97 泄漏收集池提升泵频繁报警

【原因分析】

（1）泄漏收集池提升泵为自吸式离心泵，一用一备，当液位高于 0.2m 后中控会给现场发送启泵信号，而当液位为零后会联锁停泵，逻辑没有问题。

（2）但此泵在启泵之前，必须进行灌泵后，才能正常启动，因此当启动信号发送给泵时，泵并不能启动，因此出现故障报警。

（3）如果每次都需要手动人为灌泵后才能启动，那么则违背了设计的初衷。因此怀疑设计存在缺陷。

（4）分析每次都需要灌泵才能启动的原因：泵出口管道末端直接排放至大气，泵停止后，出口管道的水会连同空气返回至泵体，这样导致进口管道内本来形成的负压状态降低，从而导致每次启动都需要灌泵。

【措施及建议】

（1）现场设置为就地启动模式，不采用自动模式，当检测到收集池内有液位时，现场灌泵启动。

（2）对每台泵出口加装止回阀，防止停泵后，出口管道内的水和空气返回泵内，破坏进口负压，便能正常启动。

（3）LNG 接收站在进行 LNG 接收站收集池泵选择时，如果选择自吸式离心泵，那出口一定要安装止回阀。

第二章 电气故障案例

案例 1 SCV 点火故障

【事件描述】

开工初期，SCV 一次点火时，经常出现点火枪连续点火约 4 次后才能点燃可燃气。而点火枪均是通过瞬间高压产生火花，每次打火均会对点火枪的材质和绝缘性能造成损伤，假设每支点火枪使用寿命内的点火次数恒定，那么每支点火枪的寿命将缩短 4~5 倍，一次点火的成本将提高 4~5 倍。

【原因分析】

（1）PLC 程序有问题，没有发出点火指令。

（2）现场点火枪没有动作。

（3）点火枪没有打火。

（4）点火枪打火后由于某种原因没有点燃可燃气。

（5）对以上原因进行排查，发现点火枪能够正常执行点火指令，动作并打火（通过按钮正常启动 SCV 一次点火程序，程序正常执行，且通过现场观察点火枪明显动作，且听到高压打火"啪啪"的声音），但无法点燃燃料气。通过对 SCV 厂商文件和袁文忠所写论文《催化裂化装置辅助燃烧炉点火方式的改进》进行研究，初步怀疑：可能是由于点火枪伸出套管的部分过短，造成点火能量不足，以至于不能每次都成功点火；同时与设计院、SCV 厂商沟通，表明怀疑初步成立，同意开盖检查，并对一台 SCV 实施改造。

【措施及建议】

（1）拆开 SCV 的大盖，发现点火枪枪头仅伸出大盖 2.5cm，伸出管嘴仅为 1cm，确定过短。因此通过协商，确定将点火枪大盖上面的安装套管割掉 3.5cm，使点火枪向大盖下额延伸 3.5cm，即点火枪枪头伸出管嘴 4.5cm。之后回装大盖、点火枪和套管等，恢复 SCV。随即进出多次一次点火测试，均能 100%成功（图 2-2-1 和图 2-2-2）。

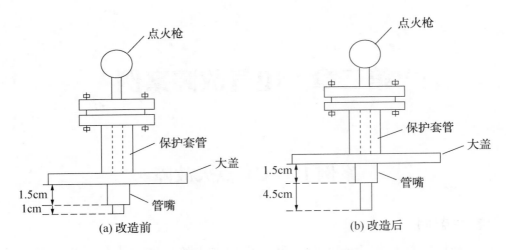

图 2-2-1　点火枪改造前后对比图

图 2-2-2　点火枪现场图

（2）将其他几台 SCV 的点火枪都按此方法进行了改造，点火成功率均可达到 100%。

（3）在投产设备调试初期，若出现设备无法按照规定正常工作时，甲方公司应积极与设计单位和厂商共同研究，寻求解决方案，因为此过程是可遇不可求的快速提高对设备了解的机会；同时不要将设计院和厂商过度权威化，因为技术总是不断发展，更好的设备总是在下一代。

（4）在 SCV 国产化进程中，应考虑点火枪枪头伸出管嘴的长度，在理论计算的基础上给出适当的余量，且最好不低于 4.5cm。

案例 2　空气压缩机现场 PLC 控制柜失电

【事件描述】

某 LNG 接收站空气压缩机系统由三台空气压缩机(简称空压机)、两台干燥机和一个现场 PLC 控制柜组成(图 2-2-3 和图 2-2-4)。三台空气压缩机可单机启动,也可由现场 PLC 控制柜控制联机启动;两台干燥机的电磁阀只能由现场 PLC 控制柜控制其开关。三台空气压缩机单机启动:(1)可从单台空气压缩机面板手动启动;(2)也可根据单台空气压缩机出口设置压力变送器控制其启停,当压力变送器检测到压力低于某一设定值时,便启动此空气压缩机,当压力变送器检测其压力高于某一设定值时,便停止此空气压缩机,此时即使通过面板也无法手动启动此空气压缩机。

图 2-2-3　空压机系统现场图

16 时 10 分,突然响起报警声,查看 DCS 报警发现,空气压缩机系统通信中断,仪表空气缓冲罐出口压力开始下降。

现场检查,各单台空压机供电正常,但已停止运行;现场 PLC 控制柜为失电状态。由于仪表空气压力下降,现场通过单台空压机面板手动启动空压机,但空压机无法启动。

【原因分析】

(1)空气压缩机系统是接收站全厂气动阀提供气源的唯一方式,仪表风罐储存的压力只能维持接收站正常运行 1h 左右(可根据仪表空气正常使用流量和仪表空气缓冲罐存量进行时间估算),如果仪表风压力下降至 0.5MPa(表),

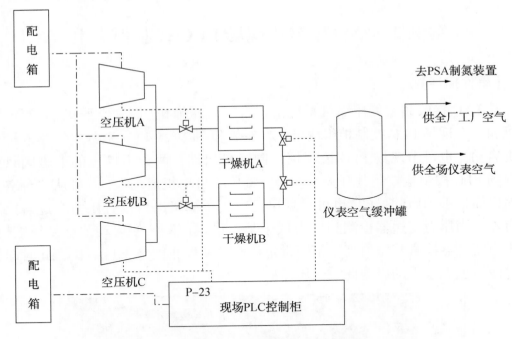

图 2-2-4 空压机系统流程简图

则会触发 SIS 系统全厂停车联锁，导致严重的后果。因此，在仪表空压压力下降至 0.5MPa（表）之前务必需要将空压机系统恢复正常。

（2）由于三台空气压缩机的供电与现场 PLC 控制柜采用不同的配电箱，因此当 PLC 控制柜失电时，三台空气压缩机供电却正常。

（3）由于 PLC 控制柜失电，导致干燥机无法正常运行，干燥机电磁阀关闭，压缩机后的空气无法流至下游，导致憋压，各空气压缩机出口压力变送器检测到压力超过限定值而停止，同时也无法单机启动空气压缩机。

【措施及建议】

（1）为了减缓仪表空气缓冲罐压力下降速度，降低压缩机空气的消耗量，立即关闭仪表空气缓冲罐后供全场工厂空气和去 PSA 制氮装置的阀门；同时停止 PSA 制氮。

（2）现场检查 PLC 控制柜供电开关是否跳闸，结果未跳闸；再检查配电室供应现场 PLC 控制柜的配电箱是否跳闸，发现此配电箱内的供电开关跳闸。

（3）对此供电开关送电，现场 PLC 控制柜供电恢复正常。重新启动空气压缩机系统，并开启仪表空气缓冲罐后供全场工厂空气和去 PSA 制氮装置的阀门，启动 PSA 制氮装置。

（4）接收站应该根据平时仪表空气的消耗流量和仪表空气缓冲罐的容积、

压力等参数计算出当空气压机故障停车后，仪表空气缓冲罐能够维持正常仪表空气供应多长时间，已作为此应急预案撰写的支持。

（5）当所有空气压缩机都停机时，可联锁停止 PSA 制氮装置。

（6）鉴于仪表空气系统现场 PLC 控制柜控制着干燥机的运行（即，干燥机出入口电磁阀的开关，），同时仪表空气联锁导致全厂停车的高风险，应该为现场 PLC 控制柜提供多路冗余供电，如增设一套 UPS 供电系统。

（7）正常情况下，接收站的氮气供应都采用 PSA 制氮装置和液氮气化两种方式；同时氮气管网的压力与仪表空气管网压力相差很小；而且采用氮气作为气动阀的动力气，不存在任何的安全风险，只是成本较高。因此，接收站可在氮气管网供应总管与仪表空气管网供应总管进行连接（保证只能氮气流向仪表空气管网），当出现空气压缩机系统无法正常供应仪表空气，同时又无法在仪表空气缓冲罐维持正常仪表空气供应的时限内完成恢复，可采用氮气作为临时仪表空气使用，保证气动阀的正常，防止全厂停车。

案例3　空气压缩机电动机过载停车

【事件描述】

0 时 01 分，中控显示空压机 C-2701C 发生电动机过载报警并引发停车，操作人员立即启动空压机 C-2701A（图 2-2-5）。

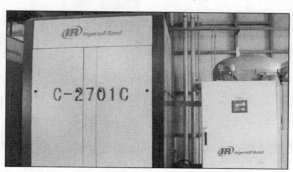

图 2-2-5　空压机 C-2701C 现场安装图

0 时 08 分，电工现场检查发现 C-2701C 电动机控制屏出现电动机过载标志，但热继电器并未动作。

2 时 40 分，C-2701C 在停机情况下仍发出电动机过载报警。

【原因分析】

由于现场空压机热继电器并未动作，初步判断空压机停机原因为过载保护误动作引起。通过查看图纸逐一检查现场接线端子，发现过载保护控制回路一根控制线接线已松动，立即进行了紧固。再次启动空压机 C-2701C，空压机实际电流低于额定电流值。在空压机 C-2701C 正常运行 48h 后，未出现过载报警联锁停车现象，由此判断停车原因为 C-2701C 运行过程中的常规振动导致过载保护联锁线路松动，造成电动机误停车。

【措施及建议】

（1）对过载保护控制回路的控制线接线进行紧固。

（2）对空气压缩机 C-2701A 及 C-2701B 盘柜内过载控制回路接线进行检查。

案例4   中压开关柜机构卡滞

【事件描述】

在 66kV 变电所首次送电前对所内 6kV 高压开关柜进行送电前专项检查，发现 6kV Ⅰ段和Ⅱ段 PT 柜、所用变开关柜操作机构卡滞，小车无法摇入工作位置；小车无法进行机械锁定，开关柜内接地刀无法分到位等问题（图 2-2-6）。

图 2-2-6   开关柜动触头

【原因分析】

该开关柜手车绝缘子支撑件刚度不够，在操作过程中出现触头晃动变形，使动、静触头中心线不一致，导致动、静触头无法正常接触；同时造成了柜内小车本体机构发生变形，使小车与机构配合出现偏差，在行进过程中发生卡滞现象。

【措施及建议】

（1）加强对设备送电前的操作检查，发现问题后及时处理，保证送电作业安全进行。

（2）对66kV变电所两台PT、所用变开关柜动触头支撑件进行了更换，消除小车在操作过程中的晃动现象，解决了开关柜内小车行进过程中的卡滞问题。

案例5 低压抽屉柜内部电缆过热

【事件描述】

电气检维修人员在冬季防冻凝检查过程中发现工艺变电所内BOG冷却水加热器E-1313抽屉柜内一相引线存在过热现象，电缆根部发白（图2-2-7）。

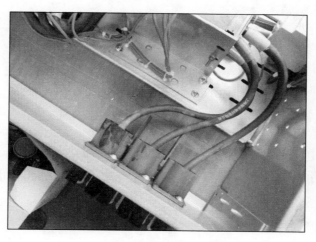

图2-2-7 发热电缆

【原因分析】

经检查，电缆截面符合设计要求，且三相电缆仅有一相存在过热现象。低压抽屉柜在厂家装配过程中，盘内引线接头处未夹紧，电加热器运行一段时间后造成引线过热。

【措施及建议】

（1）对其他低压抽屉柜进行检查，及时发现设备隐患。

（2）联系厂家提供新电缆与接线鼻子，并完成更换。

案例6　EPS应急照明柜电池漏液

【事件描述】

EPS柜一块电池底部有白色粉末状物质，电池电压和充电电流等参数均正常。对EPS柜停电，将柜内电池正负极接线拆除后检查电池本体，发现两块电池底部有锈蚀情况，说明此柜内电池漏液（图2-2-8）。

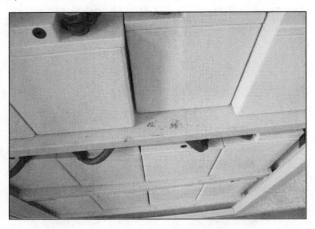

图2-2-8　EPS漏液照明电池

【原因分析】

经检查，该电池外壳底部出现细微裂纹，导致电池渗液。分析原因主要是由于电池本体较重，在安装过程中磕碰产生细微裂纹，长时间运行造成少量漏液，对支撑铁板造成腐蚀。

【措施及建议】

（1）对EPS进行停电检查，对柜内漏液电池以及电池支撑铁板均进行更换。

（2）对其他同类电池进行全面检查。

案例7　工艺变电所直流接地故障

【事件描述】

工艺变电所直流屏故障指示灯亮（无声音报警）。

【原因分析】

用万用表直流挡测量直流屏正极输出对地电压为 3.6V，负极对地为 -220V，说明直流系统存在直流正极接地故障(正常情况下正极和负极对地电压为 110V 与-110V)。采用"拉路法"对故障点进行查找，即断开开关柜的直流控制电源。工艺变电所直流屏为工艺变电所内 50 面中压开关柜提供直流电源，可初步判断其中一面或几面柜直流控制回路存在接地故障。电气检维修人员首先对现场 LNG 高、低压泵，BOG 压缩机、海水泵和 SCV 风机等停运设备进行了检查，直流屏正极对地电压始终为 3.6V 左右。在拉至 A19 号开关柜即综合楼配电回路时，正极对地电压恢复至 110V，判断出直流正极接地点在该回路。停电检查，发现该开关柜变压器控制回路(温度超高与变压器柜门联锁跳闸)对地电阻为零，判断此处存在接地故障。

【措施及建议】

(1) 将该控制回路从开关柜接线端子排摘除，消除直流接地故障。

(2) 重新铺设由工艺变电所至综合楼变压器室的控制电缆。

案例 8　火气系统接地报警

【事件描述】

霍尼韦尔火气系统出现某一个测量回路接地报警(图 2-2-9)。

图 2-2-9　现场接地线

【原因分析】

（1）检查发现是回路防雷栅故障引起接地报警。

（2）测量发现防雷栅对地电压为 39V DC，防雷栅正常工作对地低压电压最高为 36V DC，当对地电压高于 36V DC 时，会造成防雷栅损坏。

（3）接地检测设备接线错误，造成接地电压升高。

【措施及建议】

（1）将火气系统接地设备的电路更改并进行测试，测量发现防雷栅对地电压从 39V DC 降至 32.3V DC。

（2）更换防雷栅报警解除，恢复正常。

第三章　仪表故障案例

案例 1　启动海水泵 ORV 海水流量计跳变

【事件描述】

某 LNG 接收站设置 5 台 ORV 气化器，同时设置 7 台海水泵为 ORV 提供气化 LNG 所用的海水。ORV 采用一台海水泵为一台 ORV 提供海水的运行模式。单台海水泵的额度流量为 9180t/h；ORV 正常运行时，海水流量通常为 8500～9500t/h，当 ORV 海水管线上安装的时差法超声波流量计检测到海水流量低于 7350t/h 时，便产生海水流量低报警提示；当 ORV 海水流量低于 5510t/h 时，便产生海水流量低低联锁 ORV 跳车。图 2-3-1 为现场超声波流量计安装图。

图 2-3-1　现场超声波流量计安装图

LNG 接收站在每台海水泵出口管线都设置有呼吸阀，当海水泵启动时用于排气，当停止海水泵时用于吸气；同时在 ORV 海水管线末端设置排气阀，以便海水泵启动时，排出管线内的气。图 2-3-2 为流程简图。

投产初期某日，接到调度中心指令，外输量由 $1000×10^4 m^3/d$ 提至 $1700× 10^4 m^3/d$。$1000×10^4 m^3/d$，ORV-A 和 ORV-B 和海水泵 A、海水泵 B 运行；$1700×10^4 m^3/d$，需要增加一台 ORV 和一台海水泵，经确定准备增启 ORV-C 和海水泵 C。操作员正常启动海水泵 C，为准备增投的 ORV-C 提供海水。启动过程为：操作员在中控室 DCS 发出海水泵 C 启动命令，当 DCS 接收站海水

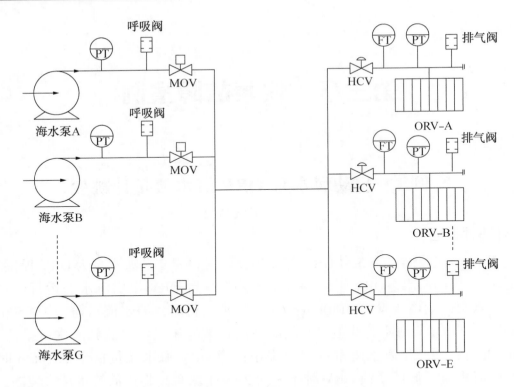

图 2-3-2　ORV 海水供应流程简图(三)

泵 C 已启动的回讯时，开启海水泵出口 MOV 阀，同时逐渐开启 ORV-C 海水管线上 HCV 阀。在 HCV 阀完全开启且 ORV-C 海水流量稳定后，正准备向 ORV-C 转移 LNG 流量时，突然已运行的 ORV-A 出现海水流量低低联锁跳车，之后 ORV-A 海水流量马上恢复正常；过了几分钟，ORV-C 海水流量也出现跳变，但此次出现流量跳变的表为流量低报警提示表，而非联锁表，所以未触发 ORV-C 联锁跳车。

【原因分析】

(1) ORV-C 海水 HCV 阀突然关闭，导致流量低低停车。根据事件发生经过，ORV-C 海水流量跳变后快速恢复到正常，且跳变时 ORV-C 的海水管线压力并未变化。因此可以初步排除是 HCV 阀突然关闭，造成的流量跳变。

(2) ORV-C 和 ORV-A 跳变的超声波流量计误报，导致海水流量跳变。经仪表工程师现场检查确认，流量计均正常可靠。

(3) 海水泵 C 启动后，将泵井内空气带入海水管线，导致超声波流量计未能正常检测出海水流量，而出现海水流量跳变。具体分析：

① LNG 接收站 ORV 海水流量计的类型为时差法超声波流量计，而时差法超声波对液体介质中的气泡和杂质非常敏感。超声波发生器发出的超声波在遇

到液态介质中的气泡后，超声波特性发生改变，从而使得时差法超声波失准、跳变。

② 海水泵 C 启动后，操作员只是在中控室 DCS 看到海水泵启动的回讯后，就打开其出口 MOV 阀，而未确认呼吸阀是否已将泵井内的空气排净；同时 ORV 海水管线上的排气阀安装位置在其管线末端附近，且在流量计之后。

通过以上分析，基本可以确认，导致 ORV-A 和 ORV-C 海水流量计跳变的原因为管钱内部有气泡(空气)，导致时差法超声波流量计失准。

【措施及建议】

(1) 从工艺操作上，启动海水泵时，操作员需要到达海水泵现场，关注呼吸阀的排气情况。只有现场操作员确认排气基本完成后，中控室操作员才能开启海水泵出口 MOV 阀，尽可能减少海水管线内空气的带入量。经过尝试，此方法达到了一定的良好效果，但是也无法完全保证 ORV 不再发生流量计由于气泡而跳变的情况；同时此方法增加了海水泵启动时出口阀关闭运行时间，对海水泵而言是不利的。

(2) 从 ORV 自身海水管线排气阀的安装位置考虑，应将此排气阀尽量安装在超声波流量计之前。进入流量测量范围内的空气可以提前被排出。

(3) 从联锁触发上，可以将现有海水流量低低联锁停止 ORV 的单选方式，更改为流量与压力共同触发。即，当流量计检测到海水流量低低且压力表检测到压力也低时，再触发 ORV 失去海水后的联锁。

(4) 从流量计的安装与选型考虑，超声波流量计的安装应该严格执行上游直管长度不小于 $10D$，下游直管长度不小于 $5D$(D 为管道直径)的规定；同时在超声波流量计选型时，可选择时差法与多普法双原则超声波流量计，当海水管线中有气泡时，自动切换至多普法模式(多普法超声波流量计，即使液体介质中有气泡也能较为准确地测量出液体介质流量)，无气泡式自动转换至时差法模式；或者选用不受气泡影响的其他流量计，如孔板流量计和文丘里流量计等。

案例 2　水蒸气导致 SCV 可燃气探测仪失准

【事件描述】

某 LNG 接收站投产初期，按设计院设计每台 SCV 烟囱上都配备两台可燃气检测仪，用以监测烟道中是否含有可燃气，如果两台可燃气体检测仪同时检测到可燃气超过高高联锁值，则会联锁 SCV 停车。图 2-3-3 为现场可燃气体检测位置图。

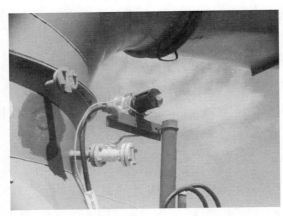

图 2-3-3　现场可燃气体检测位置图

SCV 试运中，频繁发生因烟道上两台可燃气检测仪同时检测到可燃气超过高高限值导致 SCV 联锁停车，发生一台可燃气检测仪超过高高限制的情况更多。

【原因分析】

（1）燃料气在 SCV 燃烧炉内燃烧不完全，导致燃料气通过排烟管盘管上的小孔进入水浴，之后从水浴进入烟囱烟道。通过对 SCV 效率进行计算，SCV 效率都满足设计要求（90%~98%）；同时若燃烧不完全，应该有较多的一氧化碳气体产生，经检测无一氧化碳气体。因此，基本可以排除燃烧不完全，燃料气进入烟囱。

（2）SCV 内燃料气管线出现裂纹，燃料气直接进入水浴，之后从水浴进入烟道。通过与设计院和厂商沟通，出现此种情况的概率很小。而且若要检测，将会耗费较大的人力和财力，建议首先排除其他原因后，再考虑检测燃料气管线。

（3）可燃气检测仪误报警。首先将需要测试此原因的 SCV 可燃气高高联锁暂时改为报警不跳车；运行 SCV 进行测试，当烟道中可燃气检测仪高高报警时使用便携式可燃气检测仪检测，未检测到可燃气体。因此确定为可燃气检测仪误报导致联锁 SCV 跳车。

（4）将可燃气检测仪拆卸，打开外壳后发现探头处有水渍，擦拭后重新回装测试，报警解除。

（5）可燃气检测仪报警的原因是由于探头处凝结水渍，而水渍产生的原因为：SCV运行时，燃料气燃烧主要生成水和二氧化碳，大部分的水通过SCV混凝土水箱的溢流口排走，少部分的水以蒸汽形式随二氧化碳通过烟囱排放。烟囱里的水蒸气进入检测仪形成水渍造成检测仪故障导致报警。

（6）通过与SCV厂商和施工总承包商沟通，SCV原设计中烟道上并没有安装可燃气检测仪，是设计施工总承包商要求设计方安装的。

【措施及建议】

（1）通过与SCV厂商和设计施工总承包商沟通商议，并进行安全性论证后，一致同意将SCV烟道上的可燃气检测仪拆除。

（2）SCV设计时，可选用稳定性更高，且不受水蒸气影响的可燃气探测仪。

（3）选用相同类型，但防护等级更高的可燃气探测仪。如IP57等级，5：表示防尘，完全防止外物侵入，且侵入的灰尘不会影响电器的正常工作；7：表示防止浸水时水的侵入，仪器仪表和电器浸在水中一定时间或在一定标准的水压下，能确保仪器仪表和电器不因进水而造成损坏。

（4）由于SCV烟道不适合安装可燃气检测仪，设计方可不加装可燃气检测仪。

案例3 水蒸气导致SCV液位计失准

【事件描述】

某LNG接收站每台SCV都设置有两只雷达液位计(图2-3-4)，用于监测SCV混凝土水箱的水浴液位。按设计，此两液位计构成二选一联锁液位表，当两只液位计中任一只检测到水浴液位超过液位高高设定值时，便联锁SCV停车。

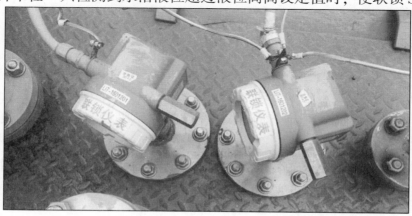

图2-3-4 雷达液位计安装位置

SCV-B 正常运行时，突然一只雷达液位计数值跳变超过高高液位联锁限定值，联锁 SCV-B 跳车，之后此液位计又迅速恢复至正常液位，而另一只液位计数值则一直正常；同时，其他 SCV 运行时也出现过水浴液位计跳变的情况。

【原因分析】

（1）通过整个事件的经过描述来看，基本可以初步确定为雷达液位计故障，导致数值跳变，而产生液位高高联锁 SCV 跳车。

（2）SCV 运行时，燃料气通过燃料气管线进入 SCV 燃烧炉，提供助燃气体的风机将空气供入燃烧炉，燃料气和空气在燃烧炉内燃烧，燃烧生成的水蒸气和二氧化碳气体，通过排烟管盘管上的小孔进入水浴，之后从水浴进入烟囱烟道。因此，SCV 混凝土水槽内的液面并不稳定，且有很多气泡；同时在 SCV 混凝土水槽液面上方的气体空间内充满了很多水蒸气。

（3）雷达液位计通常分为非接触式脉冲雷达液位计和接触式导波液位计。其中脉冲是通过喇叭口的波束角来发射和接收微波的，通常不与测量介质接触；而导波则是利用浸入测量介质中的探杆引导低功率微波脉冲。

（4）导波雷达液位计有一定比例的脉冲将继续沿着导波杆穿过介质，所以可检测到来自第一液面下方的两液体界面的第二次回波，由于此特性，导波雷达液位计适合测量穿过泡沫进行测量的场合。因此，导波雷达液位计比脉冲雷达液位计更具有抗泡沫、气泡、水蒸气等干扰的能力。

（5）LNG 接收站 SCV 水浴液位测量所选择的雷达液位计为非接触式脉冲雷达液位计。因此，初步怀疑液位计是受到水蒸气干扰而失准、跳变。

（6）拆下跳变的雷达液位计检查，发现探头上存在一层水雾，将水雾擦拭干净后，回装测试，液位显示正常。

【措施及建议】

（1）拆下雷达液位计，对其探头进行擦拭，去除水雾层。

（2）SCV 水浴液位监测的两只液位计联锁逻辑为二选一，即任一液位计出现高高液位就联锁 SCV 停车。而 SCV 液位面并不平稳，有时波动较大易造成两液位计数值差距较大，甚至造成设备停车；同时，由于 SCV 水浴上层气体空间水蒸气多，探头易形成水雾，造成液位计失准、跳变。因此通过与厂商和总承包设计商商议，并进行安全评价后，将原有的二选一联锁模式更改为二选二联锁模式。

（3）由于两只水浴液位计安装位置非常接近，同时水浴波动较大，两只雷达液位计同时高高导致联锁 SCV 停车的概率也会较高，建议两只液位计安装时保持一段距离。

（4）SCV 厂商或设计单位在进行 SCV 水浴液位计选型时，可尝试选择两种类型的雷达液位计，如一只为非接触式脉冲雷达液位计，另一只为接触式导波液位计。

案例 4　SCV 冷却水泵出口压力异常跳车

【事件描述】

图 2-3-5 为 SCV 冷却水系统流程截图。冷却水取自 SCV 混凝土水箱水浴，经冷却水泵增压后供给下游使用。在冷却水泵入口设置过滤器，并在其间设置压力表；同时在冷却水泵出口设置带报警和联锁功能的压力表，当冷却水泵出口压力高于或低于其报警设定值时发出报警，当冷却水泵出口压力高于或低于其联锁设定值时联锁停止冷却水泵，同时联锁停止正在运行的 SCV。

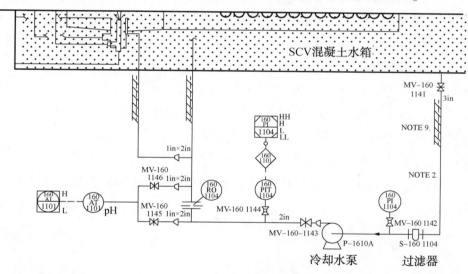

图 2-3-5　SCV 冷却水系统流程图

LNG 接收站冬季 SCV 正常运行，夜间突然水泵出口压力低低，联锁 SCV 跳车；最近也出现过未运行的 SCV，在冷却水泵运行过程中，冷却水泵出口压力异常报警，甚至联锁冷却水泵跳车。

【原因分析】

（1）冷却水泵入口过滤器堵塞，导致冷却水泵入口流体供应不足，造成出口压力低低联锁 SCV 跳车。因为以前出现过过滤器堵塞，导致压力低低联锁跳车。具体为：SCV冷却水泵出口压力低低联锁跳车，拆开冷却水泵入口过滤器检查发现，过滤器内含有SCV混凝土水箱内的防腐层物质，此防腐层物质导致过滤器堵塞。

（2）拆开过滤器检查，发现过滤器内干净无杂质。排除过滤器堵塞造成出口压力低低跳车。

（3）压力表损坏，导致测量不准。但其他SCV冷却水泵出口压力表也出现了类似的情况，同时仪表工程师经现场检查确认，压力表正常。

（4）SCV冷却水泵出口压力低低发生在冬季夜间，而且当时环境温度在−10℃以下，虽然投产初期SCV冷却水管线已经增设了保温层和电加热伴热带，但是此联锁表根部引压管却暴露在冷空气中，而且此引压管内的介质水未流动，因此怀疑是引压管内部冻凝，导致压力表失准，出现报警和联锁情况。

【措施及建议】

（1）针对过滤器由于SCV混凝土水槽内的防腐层物质堵塞的情况（图2-3-6为过滤器现场安装）：

① 定期SCV排水，对混凝土水箱防腐层进行检查、清理、维护。SCV的运行通常都是在冬季较为频繁，因此建议可以在每年夏季SCV使用频率低的季节进行排水检查。

② LNG接收站SCV冷却水泵入口设置了一台过滤器，运行中即使发现过滤器堵塞，也无法完成在线清理，必须停止SCV。考虑到SCV启动和切换工作的复杂性，建议SCV冷却水泵增加备用过滤器。

（2）针对由于出口压力表引压管内部冻凝，导致水泵出口压力异常的跳车：

① 对SCV冷却水泵出口压力表及引压管增加伴热带和保温层（图2-3-7），防止冻凝。

图2-3-6　过滤器现场安装

图2-3-7　引压管保温层安装

② SCV 厂商或设计单位在对冬季环境温度较低的接收站设计或提供 SCV 时，应该充分考虑低温环境的影响，采用适当的措施防止水系统冻凝。

（3）SCV 运行时，应加强水泵压力监控，依据压力变化及时对过滤器进行清理。

（4）冬季即使 SCV 未运行，也要保证冷却水泵的正常运行，保证冷却水管道内介质的流动，防止冻凝。

案例 5　SCV 燃料气压力高

【事件描述】

SCV 燃料气点火设置程序为：

（1）关闭放空开关阀、打开入口开关阀 1 和入口开关阀 2，使燃料气进入炉膛准备点火，三个阀门同时动作；

（2）关闭入口开关阀 1 和入口开关阀 2，打开放空开关阀，将两个入口开关阀间的燃料气放空；

（3）为避免进入炉膛的燃料气压力过高而发生事故，在燃料气管道入口处设置两个压力变送器 PT1 和 PT2，若压力过高则联锁停车。

在 SCV 启动点火过程中，时有发生燃料气入口压力过高联锁停止启动程序而无法正常点火的情况。

【原因分析】

（1）压力表稳定性低，或出现故障。拆下压力表检测校准，发现压力表正常，无故障可能。

（2）对点火过程手动分段分析：关闭放空开关阀、打开入口开关阀 1 和入口开关阀 2 时，入口压力平稳；入口开关阀 1 和入口开关阀 2 关闭，再打开放空开关阀时，入口压力有所上升，但在允许范围内，未达到联锁值；打开放空开关阀，再关闭入口开关阀 2 和入口开关阀 1，入口压力迅速增加超过联锁值。

（3）点火程序自动执行过程中，若入口开关阀 1 和入口开关阀 2 由于阀门自身原因导致关闭速度稍慢，而放空开关阀先打开，造成燃料气入口管道内燃料气流量突然加大，此时入口开关阀 1 才关闭，则入口管道压力会因憋压迅速增大致联锁值，导致 SCV 联锁停止点火程序。

【措施及建议】

（1）在 SCV 自动点火程序中，设置入口开关阀 1 和入口开关阀 2 关闭状态检测程序，只有程序确认入口开关阀 1 和入口开关阀 2 已经关闭后，再开启放空开关阀。

（2）若由于阀门设计原因，无法提供准确的入口开关阀 1 和入口开关阀 2 关闭的回讯信息，则可以测试每台入口开关阀 1 和入口开关阀 2 关闭的耗时，在点火程序中，给出入口开关阀 1 和入口开关阀 2 关闭命令后，延时一定时间再开启放空开关阀。但由于每个阀门特性的差异，同时随着阀门的使用，此延时时间较难准确设置。

（3）不改变 SCV 自动点火程序，在放空开关阀入口连接法兰处安装一限流孔板，这样即使放空开关阀比入口开关阀 1 先动作，由于限流孔板的作用，使得放空管道通流量减小，从而降低入口燃料气管道内燃料气的增加量。

（4）综合分析，采用加装限流孔板的方法最为简单，因此加装限流孔板。点火测试后，不再发生因入口燃料气管线压力过高而造成 SCV 联锁停止点火程序。

（5）在 SCV 燃料气管设计时，应考虑放空管线的流量问题，可选择流通量较小的管线或在流通量较大的放空管线上加设限流孔板，限制放空流量（图 2-3-8）。

(a) 改造前示意图　　　　　　　　(b) 改造后示意图

(c) 改造后现场图

图 2-3-8　SCV 燃料管设计改造

案例6 SCV 无法检测火焰导致跳车

【事件描述】

每台 SCV 均设置两个火焰检测器，采用2选2联锁方式。当其中任一个火焰检测器无法检测到火焰时给出提示报警，当两个检测器均未检测到火焰时，则系统默认 SCV 燃烧炉内火熄灭，联锁 SCV 跳车。

投产初期实际运行中，经常出现一火焰检测器因检测不到火焰而提示报警，甚至有时出现两个检测器均未检测到火焰导致联锁跳车，此时通过 SCV 现场观察视镜却能肉眼观察到火焰，说明火焰检测器误报警。

【原因分析】

（1）SCV 燃烧炉内由于某种原因，炉内火熄灭。因此在事件描述的情况下，通过 SCV 燃烧炉观察视镜观察，肉眼便能观察到火焰，说明燃烧炉内火并未熄灭，而是火焰检测器误报警，可能是火焰检测器故障。

（2）对火焰检测器进行全面检测，发现火焰检测器无任何故障，正常完好。

（3）通过对现场火焰检测器的安装角度和炉膛设计进行研究，初步怀疑造成火焰检测器误报警甚至联锁跳车的原因可能是：火焰检测器安装角度过于倾斜，使得火焰较小时检测器无法检测到火焰，从而产生报警或联锁跳车[图2-3-9(a)]。

【措施及建议】

（1）将 SCV 火焰检测器和观察视镜位置进行调换，安装图纸参数确定调换位置所需的连接管件。使得火焰检测器安装角度减小，能够检测到更小的火焰[图2-3-9(b)(c)]。

（2）SCV 火焰检测器和观察视镜位置调换后，进行运行测试。不再出现因火焰检测器检测不到火焰而误报警甚至误动作导致 SCV 联锁跳车的状况。

（3）将其他 SCV 的火焰检测器和观察视镜位置也进行调换，运行测试，同样也不再出现因火焰检测器检测不到火焰而误报警甚至误动作导致 SCV 联锁跳车的状况。

（4）投产初期，设备和工艺均处于测试调整阶段，若出现设备无法按照规定正常工作时，甲方公司应积极与设计单位和厂商共同研究，寻求解决方案，因为此过程是可遇不可求的快速提高对设备了解的机会；同时不要将设计院和厂商过度权威化，因为技术总是不断发展，更好的设备总是在下一代。

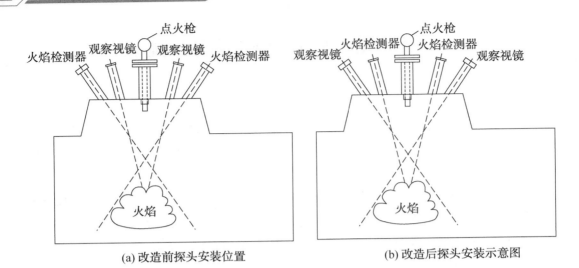

(a) 改造前探头安装位置   (b) 改造后探头安装示意图

(c) 改造后探头安装位置现场图

图 2-3-9　火焰检测器与观察视镜安装位置改造

（5）在 SCV 国产化进程中，应考虑将火焰检测器的安装倾斜角适当减小，需保证即使点火阶段的最小火焰也能被火焰检测器准确可靠地检测到，避免 SCV 误报警或联锁跳车。

案例 7　PSA 制氮装置入口空气露点高停车

【事件描述】

接收站短期内出现 8 次 PSA 制氮装置的跳车，见表 2-3-1。

表 2-3-1　跳车情况统计表

时间	运行状态	触发源	结果
21 日，21：48：25	PSA 制氮 A 运行 PSA 制氮 B 停止	MS-2800101A MS-2800101B	U-2801A 接收到停机信号，停止运行 U-2801B 接收到停机信号
21 日，21：49：59	PSA 制氮 A 停止 PSA 制氮 B 停止	MS-2800101A MS-2800101B	U-2801A 接收到停机信号 U-2801B 接收到停机信号
22 日，09：56：44	PSA 制氮 A 运行 PSA 制氮 B 停止	MS-2800101A MS-2800101B	U-2801A 接收到停机信号，停止运行 U-2801B 接收到停机信号
22 日，09：58：15	PSA 制氮 A 停止 PSA 制氮 B 停止	MS-2800101A MS-2800101B	U-2801A 接收到停机信号 U-2801B 接收到停机信号
23 日，13：18：34	PSA 制氮 A 运行 PSA 制氮 B 停止	MS-2800101A MS-2800101B	U-2801A 接收到停机信号，停止运行 U-2801B 接收到停机信号
23 日，13：24：44	PSA 制氮 A 运行 PSA 制氮 B 停止	MS-2800101A MS-2800101B	U-2801A 接收到停机信号，停止运行 U-2801B 接收到停机信号
23 日，13：25：43	PSA 制氮 A 停止 PSA 制氮 B 停止	MS-2800101A MS-2800101B	U-2801A 接收到停机信号 U-2801B 接收到停机信号
26 日，12：03：41	PSA 制氮 A 运行 PSA 制氮 B 停止	MS-2800101A MS-2800101B	U-2801A 接收到停机信号，停止运行 U-2801B 接收到停机信号

从表 2-3-1 中可以看出：（1）导致 PSA 制氮装置停车的触发源都为来自 MS-2800101A 和 MS-2800101B 的停车信号（DCS 报警提示）；（2）无论设备是否运行都会收到停车信号；（3）两台 PSA 制氮装置 A/B 都是在同一时刻接到停机信号。图 2-3-10 为现场 PSA 制氮装置图。

图 2-3-10　PSA 制氮现场装置图

【原因分析】

（1）图 2-3-11 给出了与问题分析有关的工艺流程简图。环境空气经空气压缩机压缩后进入空气缓冲罐，空气缓冲罐为干燥机提供稳定的入口压力，空气压缩机空气经干燥机干燥后送入 PSA 制氮装置，经 PSA 制氮装置生产氮气。

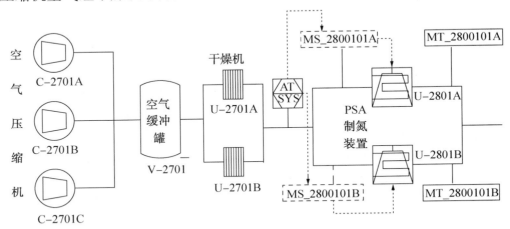

图 2-3-11　PSA 制氮相关工艺流程简图

（2）停车信号 MS-2800101A 和 MS-2800101B 显示为 PSA 制氮装置入口空气露点不合格，而非 PSA 制氮装置出口氮气露点不合格（出口露点检测采用 MT-2800101A/B 露点仪）。

（3）由于 PSA 制氮装置未设置入口空气露点检测仪，而 DCS 报警中给出问题描述位号与其出口氮气露点位号一致，都为 2800101A/B，因此使技术人员产生混淆，增加了对问题分析的难度。

（4）正常 PSA 制氮装置设计，通常不会设置出口氮气露点不合格而停车的联锁或报警；而对入口空气的露点有要求，若入口空气露点不合格（如，入口空气温度露点≥-23℃），则会停止正在运行 PSA 制氮装置，即联锁停车。

（5）经分析确认：MS-2800101A 和 MS-2800101B 停车信号是来源于空气压缩机系统的 AT_SYS 空气露点测试仪。

（6）入口空气露点不合格导致 PSA 制氮装置停车的信号流程如图 2-3-12 所示。通过图 2-3-12 可看出，若露点不合格，不论 PSA 制氮装置是否运行，DCS 都会有停车报警显示；两台 PSA 制氮装置会在同一秒接到停车信号。

（7）通过以上分析可以明确知道，导致 PSA 制氮装置停车的原因为：空气压缩机出口空气温度露点≥-23℃。

（8）导致此露点过高的原因主要为：①V-2701 空气缓冲罐内水液位过高，导致进入干燥机的压缩机空气含水量过大；②干燥机运行时间过长，吸水能力下降。

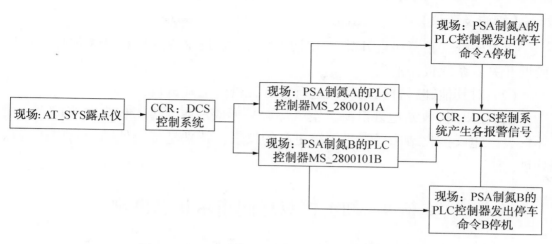

图 2-3-12　PSA 制氮装置停车的信号流程图

【措施及建议】

（1）接收站仪表工程师或 DCS 工程师在对报警信息进行描述时，应更加准确，当发生问题时，便可快速确定问题发生的相关信息。

（2）由于 LNG 接收站通常地处沿海，空气湿度较大，空气经压缩机压缩后，会有较多的凝结水产生，因此操作人员巡检过程中应该对空气缓冲罐进行排水操作（或接收站将空气缓冲罐排水阀设置为继电器控制的自动排水阀，定期对其排水），保证空气缓冲罐内水量尽可能少。

（3）设备维修人员按时、定期对干燥机进行维护，保证其具有优质的吸水、干燥能力，防止进入 PSA 制氮装置的压缩机空气露点温度高于其规定值。

案例 8　接近开关故障导致卸料中断

【事件描述】

正在卸船时突然发生联锁，卸船中断。报警记录显示为气相臂联锁。

【原因分析】

检查 DCS 报警记录、卸料臂监视系统和卸料臂 PLC 系统，均显示卸料臂一个接近开关故障引起联锁，通过 PLC 系统，查到是气相臂的某个接近开关故障（图 2-3-13）。

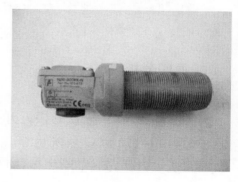

图 2-3-13　接近开关

【措施及建议】

（1）检查气相臂接近开关，由于电缆进口处进水导致接近开关损坏，更换接近开关后系统报警消失。

（2）对其他卸料臂接近开关进行检查，密封电缆进口。

（3）LNG接收站地处沿海，空气潮湿易形成水露，进入仪表电缆接头，损坏仪表。建议接收站选择密封等级更高的仪表，特别是接线处的密封应作特殊处理。

案例9　卸料臂双球阀指示状态出错

【事件描述】

操作人员在打开卸料臂 L-1101A 双球阀时，PLC 机柜双球阀显示状态不正常。双球阀虽然已经全开，但开启指示灯没亮（图 2-3-14）。

图 2-3-14　现场开启指示灯

【原因分析】

（1）指示灯坏。

（2）测量"开"位置的接近开关故障。

经对卸料臂 PLC 系统检查，发现系统出现故障报警，是由于双球阀"开"位置的接近开关故障而未检测到双球阀处于"开"状态。

【措施及建议】

（1）对双球阀的接近开关进行更换。

（2）由于接近开关的损坏影响卸料臂的运行，甚至导致卸船紧急切断功能的误触发，因此应将卸料臂接近开关检查列入来船前重点检查工作。

（3）重要部位配件要准备充分。

案例10　快速脱缆钩无法自动脱钩

【事件描述】

远程释放脱缆钩时发现有的脱缆钩无法释放（图2-3-15）。

图2-3-15　脱缆钩现场照片

【原因分析】

（1）系统有问题。

（2）缆钩上电缆出现问题，信号不通。

（3）缆钩释放机械部件故障。

经检查，快速脱缆钩硬件系统无故障，是由于个别脱缆钩未被控制器检测到而造成无法脱钩。在电脑上手动对脱缆钩系统进行自检，系统识别出全部缆钩，缆钩释放正常。这种现象偶尔会出现，说明控制程序与缆钩之间通信存在缺陷。

【措施及建议】

（1）手动对脱缆钩系统进行自检，直至脱缆钩全部被检测到。

（2）定期远程释放脱缆钩以便及时发现问题。

（3）联系厂家对控制程序进行检查，找出具体故障原因。

（4）当脱缆钩无法远程脱钩时，现场手动脱缆。

案例 11　码头脚踏开关故障处理

【事件描述】

码头 BD2 快速脱缆钩绞盘在接船前检查试运过程中出现异常：将转向控制转换开关由"停止"位置转到"正转"或"反转"位置后，在未踩踏脚踏开关情况下，绞盘均自动转动（图 2-3-16）。

图 2-3-16　脚踏板开关积水

【原因分析】

（1）绞盘正常工作方式为：首先将转向控制转换开关由"停止位置"转到"正转"或"反转"位置，作业人员用脚踩下脚踏开关，绞盘转动；脚离开脚踏开关后，绞盘停止转动。

（2）此异常现象说明脚踏开关未实现对绞盘内电动机的启停控制，因此首先对脚踏开关进行检查。将脚踏开关打开后，发现内部存有积水，且部分已结冰，脚踏开关内部控制绞盘电动机启停的行程开关辅助触点无法分开，造成绞盘电动机自动启动。现场检查发现积水是从电缆孔进入脚踏开关内部。

【措施及建议】

（1）将脚踏开关内行程开关拆下，擦干内部积水。

（2）将所有脚踏开关电缆孔处用润滑脂封堵。

（3）定期对脚踏开关进行检查维护。

（4）在进行设备密封等级选择时，可选择密封等级更高的设备。

案例12　接船时船岸连接光缆信号不通

【事件描述】

与船方连接好光缆后双方都显示信号不通，船方使用的船岸连接系统(SSL)是英国 NFI 公司产品，我方使用的是英国 SeaTecknik 公司产品(图2-3-17)。

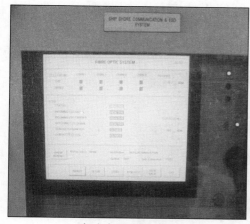
(a) 船方船岸连接系统

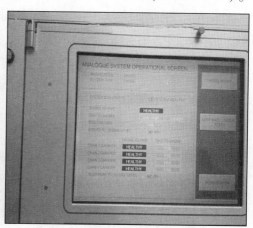
(b) 岸方船岸连接系统

图2-3-17　船岸连接系统画面

【原因分析】

（1）我方或船方光缆故障导致不通。

（2）双方使用光缆系统标准不一致。

① 船只到中国前，中方已提前告知船方我们使用的光缆是4芯，1芯和2芯是电话，3芯和4芯是 ESD。

② 船方称他们的 SSL 系统是新安装的，一次都没有使用过，但他们用 SSL 系统自带的回路检测设备 loopback 检测系统工作正常，我方 SSL 系统检测也工作正常，但两方系统连接后信号不通。船在来中国前把我方发给他们的我方 SSL 光缆接线方式发给 NFI 厂家，厂家确认连接没有问题。

③ 分析后我方认为是船方的 SSL 系统机柜内光缆接线错误，要求他们更改接线针脚。

【措施及建议】

（1）说服船方并帮助其调整 SSL 系统的光缆连接针脚后光缆系统信号连通。

（2）双方在船岸信息交换时，应提前就设备的兼容性进行沟通与确认，确保 LNG 船接卸时各种设备都能正常工作。

案例 13　ORV 海水控制阀振荡无法准确定位

【事件描述】

海水入口控制阀给 60% 左右信号时，阀门无法定位，振荡严重，造成介质流量波动大（图 2-3-18）。

图 2-3-18　海水入口控制阀阀照片

【原因分析】

（1）阀门定位器故障导致定位不准会使阀门波动，无法准确定位。

（2）阀门气缸有问题。

（3）气源放大器故障导致气压不稳。

对以上原因进行排查发现阀门气源放大器工作不正常，引起阀门在 60% 左右信号时无法准确定位。

【措施及建议】

（1）更换气源放大器后阀门定位准确，不再出现振荡现象。

（2）检查其他同类阀门，对存在问题的气源放大器进行更换。

案例 14　SCV 风机入口可燃气检测器误报停车

【事件描述】

SCV 风机入口可燃气检测器高高联锁停车。

【原因分析】

（1）现场泄漏可燃气。

（2）检测仪故障。

（3）现场检测未发现可燃气泄漏，是仪表出现误报警。

现场使用的是 SCV 厂商配置的红外线测量仪表，其中镜面部件朝上，容易积累灰尘，当灰尘积累到一定程度时，仪表发出错误的高报警信号。

【措施及建议】

（1）擦拭镜面，测量值恢复正常。

（2）定期对镜面进行擦拭，在恶劣天气的情况下，增加清洁频次。

（3）更换其他测量方式的仪表。

案例 15　SCV 碱罐液位显示异常

【事件描述】

4 台 SCV 自试运后，碱罐的液位始终指示在 20% 左右，碱罐加满后显示 30%。致使工艺人员无法准确知道碱罐的液位，无法准确加碱（图 2-3-19）。

图 2-3-19　碱罐液位计

【原因分析】

这种液位计设计有缺陷，测量部件是一根 2000mm 长、5mm 粗的塑料软管，软管很轻、易弯，软管下端无法垂直接触到碱罐底部，无法准确测量液位，且碱液易结晶，堵塞软管，影响测量准确性。

【措施及建议】

（1）将每根测量软管的下部都套上 20mm 长的不锈钢管，其重量使得测量软管可垂到底部，液位计显示正常。

（2）定期对软管进行检查维护，清除碱结晶。

案例 16　空压机联动功能故障

【事件描述】

空气压缩机频繁出现三台同时运转的情况，导致仪表风及工业风系统压力出现波动，操作人员将空压机操作模式由联动改为手动控制。

【原因分析】

操作及仪表人员随后对空压机出现联动功能故障原因进行查找。操作人员首先对仪表风、工业风及 PSA 制氮系统检查，未发现用风量增加导致空压机负荷增加的因素。空压机在手动控制模式下单台运转完全能够满足生产需要，说明控制参数或程序出现问题导致空压机联动功能出现故障的可能性较大。经过对空压机控制参数及程序进行排查发现造成空压机联动功能故障的主要原因为：

（1）空压机自动控制模式下的启动功能参考点设置不合理。

（2）空压机自动控制模式的启动压力设定值偏高，导致空压机频繁出现三台同时运转现象。

【措施及建议】

（1）将目前的空压机自动启动压力设定值由 0.82MPa 更改为 0.80MPa。

（2）加强对空压机系统的日常检查及维护。

（3）建议空压机自动启动取压点由压缩机本机出口改为仪表风罐取压点。

案例 17　槽车静电接地控制器故障

【事件描述】

测试发现槽车某橇接地卡子接地后静电接地控制器故障灯亮，无法装车（图 2-3-20）。

【原因分析】

（1）静电接地回路中断，无法检测到接地正常的信号。

图 2-3-20　现场接地装置

（2）静电接地控制器故障。

对以上原因进行排查，静电接地控制器无故障，经检查是与接地卡子连接的电缆接头处的螺栓因海边水汽大且含盐高，锈蚀断开，造成接地卡子接地时无法形成回路。

【措施及建议】

（1）处理接头处锈蚀，更换连接螺栓，连接后静电接地控制器接地正常。

（2）将螺栓更换为不锈钢材质，避免腐蚀。

案例 18　槽车开票室电脑显示故障

【事件描述】

槽车进站称重时，开票室电脑不显示槽车重量，系统重新启动仍无数据显示。

【原因分析】

（1）机柜里信号转换模块故障。

（2）系统软件故障。

（3）服务器和开票室电脑之间的电缆故障。

对以上原因进行排查，由于前一天雷雨天气，系统卡件没有接地，信号转换模块被雷击损坏，导致开票室电脑不显示槽车重量。

【措施及建议】

（1）更换信号转换卡后开票室的电脑正常工作，显示槽车重量

（图2-3-21）。

（2）将系统的电源、信号部分加装防雷栅，避免因打雷造成设备损坏。

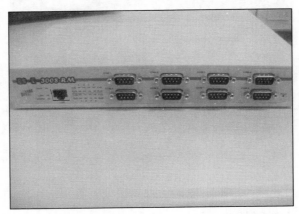

图2-3-21　信号转换器

案例19　DCS工作站分辨率显示异常

【事件描述】

因DCS维护需要，中控室重启工作站，重启后显示的分辨率由1124×864变成800×600，无法手动改变分辨率（图2-3-22）。

图2-3-22　DCS操作站

【原因分析】

（1）中控室安装了由12块显示器组成的大屏幕，显示内容包括DCS工作站画面及场内各个监视摄像头画面。每台工作站的显示器并未直接连接到它的主机上，主机连接到一台大屏幕显示设备的输入端，设备有两个输出端，一个连接到显示器，另一个与大屏幕的服务器连接。

（2）经检查DCS工作站系统硬件和软件均无故障，将工作站主机上连接显示大屏幕的设备断开，显示器直接连到主机上，此时可以调整分辨率。因此判断是大屏幕显示设备的影响造成DCS工作站分辨率显示异常。

【措施及建议】

（1）每次重启工作站前，将工作站主机上连接显示大屏幕的设备断开，显示器直接连到主机上，此时可以调整分辨率。把分辨率调整正常后，再连接大屏幕设备，系统正常。

（2）更换另一种大屏幕显示设备，连接到工作站后，工作站重启后显示分辨率不再改变。

案例 20　控制室 DCS 打印机经常不工作

【事件描述】

中控室安装了两台打印机，分别是打印报警的针式打印机和打印报表的激光打印机。两台打印机都连接到一台打印机服务器上，然后通过一条网线连接到DCS服务器上。每隔几天两台打印机就不工作了，经常造成报表和报警无法及时打印（图2-3-23）。

图 2-3-23　打印机

【原因分析】

（1）打印机这种连接方式是DCS厂家常用的，应该没有什么问题。

（2）检查发现这两种型号的打印机DCS厂家以前从未与打印机服务器一

起使用过，很可能与打印机服务器并不匹配。

【措施及建议】

（1）卸载打印软件并重新安装，设置后打印机恢复工作，但一段时间后仍出现此类问题。

（2）取消打印机服务器，使用加长 USB 口的打印机线，将报警打印机、报表打印机直接连接到两台工作站上，打印机工作正常。

案例 21　DCS 冗余服务器 A 故障

【事件描述】

工艺人员发现所有 DCS 工作站屏幕数据不变化，持续 2min。

【原因分析】

检查 DCS 工作站，发现原本由服务器 A 作为主服务器工作已转换到服务器 B 做主服务器（服务器 B 作为服务器 A 的冗余服务器，如图 2-3-24 所示）。

图 2-3-24　DCS 冗余服务器

（1）服务器 A 出现故障。

（2）服务器 B 没有及时切换成主服务器，导致工作站数据一段时间不变化。

（3）检查服务器 A，发现小液晶屏显示：E1810 Hard drive 3 fault Review &clear SEL，同时看到 3 号磁盘亮黄灯（其余绿灯），说明 3 号磁盘出现故障，但在 RAID5 阵列下的 4 块磁盘一块出现故障不应引起服务器停止运行，可能还有其他故障导致服务器 A 停运，同时导致服务器 B 没有及时切换成主服务器。在线更换 3 号磁盘，磁盘没有上线工作。进入服务器 A 的 RAID5 阵列检查，0 号和 3 号磁盘都显示 missing，RAID5 设置显示 offline，说明是两块磁盘故障，才导致了服务器 A 停止工作。

【措施及建议】

（1）两块故障磁盘需要更换，为保证服务器工作稳定，将 4 块磁盘都更换成新的；配置磁盘阵列，格式化磁盘，重新安装系统。

（2）每天按时对服务器进行巡检，分析问题并及时处理。

案例 22　DCS 上显示卸料臂数据错误

【事件描述】

准备卸船时，4 条卸料臂的双球阀已打开，但 DCS 系统上还显示是关闭状态。

【原因分析】

（1）显示双球阀开关状态的接近开关故障。

（2）卸料臂 PLC 的模块故障。

（3）PLC 到 DCS 传输路线上有故障。

检查接近开关和 PLC 都工作正常。查卸料臂 PLC 到 DCS 数据传输线路上的 MOXA 串口服务器（图 2-3-25），发现原配置参数全部丢失，都显示 Disable 状态，导致 PLC 数据无法传输到 DCS 系统，因此 DCS 系统在双球阀打开后仍保持原来显示的关闭状态。最终查明导致串口服务器配置参数全部丢失的原因是几天前有第三方工作人员准备在这台串口服务器上采集卸料臂

图 2-3-25　串口服务器现场图

数据传输到第三方系统里，因此在串口服务器上设置了第二个输出通道（原有通道给 DCS 输出数据），由于这种型号的串口服务器不支持两路数据同时采集，导致数据传输端口关闭。

【措施及建议】

（1）导入近期备份的串口服务器配置参数，重启串口服务器，DCS 显示双球阀处于开状态，显示正常。

（2）禁止第三方在这种串口服务器上开辟第二个输出通道采集数据。

（3）如果第三方确需采集数据，更换成允许多路数据采集的串口服务器。

参 考 文 献

［1］中国石油唐山 LNG 项目经理部. 液化天然气(LNG)接收站重要设备材料手册[M]. 北京：石油工业出版社，2007.

［2］顾安忠，鲁雪生. 液化天然气技术手册[M]. 北京：机械工业出版社，2010.

［3］沈维道，童钧耕. 工程热力学[M]. 北京：高等教育出版社，2007.

［4］杨世铣，陶文铨. 传热学[M]. 北京：高等教育出版社，2006.

［5］陈杰. MATLAB 宝典[M]. 北京：电子工业出版社，2011.

［6］王良军，刘杨，罗仔源，等. 大型 LNG 地上全容储罐的冷却技术研究[J]. 天然气工业，2010(01)：93-95.

［7］刘浩，金国强. LNG 接收站 BOG 气体处理工艺[J]. 化工设计，2006(01)：13-16.

［8］杨志国，李亚军. 液化天然气接收站蒸发气体再冷凝工艺的优化[J]. 化工学报，2009(11)：2876-2881.

［9］陈雪，马国光，付志林，等. 我国 LNG 接收终端的现状及发展新动向[J]. 煤气与热力，2007(08)：63-66.

［10］张立希，陈慧芳. LNG 接收终端的工艺系统及设备[J]. 石油与天然气化工，1999(03)：163-166.

［11］陈伟，陈锦岭，李萌. LNG 接收站中各类型气化器的比较与选择[J]. 中国造船，2007(B11)：281-288.

［12］黄帆. 我国液化天然气现状及发展前景分析[J]. 天然气技术，2007(01)：68-71.

［13］陈永东. 大型 LNG 气化器的选材和结构研究[J]. 压力容器，2007(11)：40-47.

［14］王彦，冷绪林，简朝明，等. LNG 接收站气化器的选择[J]. 油气储运，2008(03)：47-49.

［15］Sumitomo Precision Products Co，Ltd. ORV Performance Curve [R]. Heat Exchanger Division，2012.

［16］盛世华研. 2010—2015 年中国液化天然气(LNG)行业深度评估及投资前景预测报告[R]. 深圳：深圳市盛世华研企业管理有限公司，2010.